膜科学技术及其应用研究

王　蕾　李世哲◎著

中国纺织出版社有限公司

内 容 提 要

本书全面介绍了膜科学技术的基本原理、发展历程、当前的研究进展及其在各领域的广泛应用。从膜的定义和分类切入，探讨了膜分离过程的基础理论，包括膜材料的选择与制备、膜孔结构的设计等，并且详细分析了各种膜技术如反渗透、超滤、纳滤、微滤等的工作机理及特点。此外，书中还讨论了膜技术的操作模式，如死端过滤、错流过滤等，并阐述了膜污染的形成机制及其控制策略。在应用研究部分，本书讲述了膜科学技术在环境保护、能源开发、生物医药、食品工业、水处理等众多行业中的实际案例与应用前景。同时，也关注了膜科学技术的可持续发展问题，探讨了膜技术在节能减排、循环经济等方面的作用。本书可为膜科学领域的研究人员和工程技术人员提供宝贵的参考信息。

图书在版编目（CIP）数据

膜科学技术及其应用研究 / 王蕾，李世哲著 .
北京：中国纺织出版社有限公司，2024.10.--ISBN 978-7-5229-2005-4

Ⅰ．TB383

中国国家版本馆 CIP 数据核字第 2024C3F679 号

责任编辑：朱利锋　　责任校对：高　涵　　责任印制：王艳丽

中国纺织出版社有限公司出版发行
地址：北京市朝阳区百子湾东里A407号楼　邮政编码：100124
销售电话：010—67004422　传真：010—87155801
http://www.c-textilep.com
中国纺织出版社天猫旗舰店
官方微博http://weibo.com/2119887771
三河市宏盛印务有限公司印刷　各地新华书店经销
2024年10月第1版第1次印刷
开本：787×1092　1/16　印张：10.5
字数：235千字　定价：78.00元

凡购本书，如有缺页、倒页、脱页，由本社图书营销中心调换

前　言

膜科学技术作为一门新兴的交叉学科，在过去几十年中取得了突飞猛进的发展。它集材料科学、化学工程、生物技术等多个学科于一体，通过对膜材料与膜过程的研究，开发出一系列高效、经济、环保的分离技术，在环境保护、能源开发、医药食品等众多领域得到了广泛应用。

本书旨在系统地介绍膜科学技术的基本原理、关键技术及其应用，为读者全面了解这一领域提供指导。全书共分为八章，内容涵盖了膜科学技术的方方面面。

第一章概述了膜的分类、膜科学技术的发展历程，以及膜分离过程的原理与特点，使读者对膜技术有一个整体认识。第二章重点介绍了膜材料的种类与性能要求、选择标准及制备方法，帮助读者掌握膜材料选择与制备的基本知识。第三章详细阐述了主要的膜分离技术，包括反渗透、超滤、纳滤和微滤，并比较了它们的优缺点与适用范围。第四章讨论了膜的操作模式与污染控制，分析了引起污染的原因，并提出相应的控制策略。第五章至第七章从不同角度展示了膜科学技术在环境保护、能源开发及其他领域的应用实例，充分体现了膜科学技术的实用价值。第八章展望了膜科学技术未来的发展，提出了面临的挑战，并探讨了实现可持续发展的途径。

膜科学技术的研究与应用对于解决人类面临的资源、能源、环境等问题具有重要意义。但它的发展还处于起步阶段，有许多基础理论问题尚待深入探讨，在实际应用中也存在一些亟待突破的技术瓶颈。因此，进一步加强膜科学技术的基础研究，开发高性能膜材料，优化膜过程与膜组件设计，扩大其应用领域，对于推动膜科学技术的进步具有十分重要的意义。

本书内容丰富、结构严谨、文字通俗易懂，既可作为高等院校相关专业师生的教学参考书，也适合从事膜技术研究和应用的人员阅读，相信会对膜科学技术的学习、研究与推广起到积极作用。

著者

2024 年 5 月

目录

第一章　膜科学技术概述

第一节　膜的分类

可以按膜的性质、结构、功能等对其进行分类。

一、按膜的性质分类

膜作为一种特殊的功能材料，根据其性质的不同可以分为多种类型，如从化学组成、结构特征、传质机理、电荷特性等方面对膜进行分类。膜的性质决定了其在不同应用领域的适用性，因此，对膜进行合理的分类有助于研究者和工程师更好地选择和设计膜材料，以全面了解膜科学技术中的各类膜材料。

（一）按化学组成分类

根据膜材料的化学组成，可将膜分为有机膜和无机膜两大类。有机膜主要由高分子材料制成，如醋酸纤维素、聚砜、聚偏氟乙烯等。这些材料具有良好的成膜性能、机械强度和化学稳定性，在水处理、气体分离、生物医药等领域得到广泛应用。无机膜由无机材料制成，如陶瓷、金属氧化物、沸石等。无机膜具有优异的耐高温、耐腐蚀性能，在高温气体分离、催化反应等领域展现出独特的优势。此外，近年来发展起来的复合膜由有机材料与无机材料复合而成，兼具两者的优点，在膜科学技术中受到越来越多的关注。

（二）按结构特征分类

膜的结构特征对其性能有着重要影响，按照结构特征可以将膜分为多孔膜和致密膜。多孔膜具有大量互通的微孔或介孔结构，孔径通常在纳米到微米量级。多孔膜的传质机理主要是基于分子的尺寸差异，即较小的分子可以通过膜孔，而较大的分子被截留。典型的多孔膜包括微滤膜、超滤膜和纳滤膜等，广泛应用于水处理、生物分离、药物制备等领域。致密膜不存在连续的孔道结构，物质的传输主要通过溶解—扩散机制进行。致密膜对不同物质的选择性主要取决于其在膜中的溶解度和扩散系数的差异。反渗透膜、气体分离膜等都属于致密膜，在海水淡化、氢气提纯等方面发挥着重要作用。

（三）按传质机理分类

膜的传质机理反映了物质在膜中传输的基本原理，对理解膜分离过程至关重要。按照传质机理，膜可分为吸附膜、扩散膜、离子交换膜等类型。吸附膜利用膜材料对特定物质的选择性吸附来实现分离，如活性炭膜对有机物的吸附去除。扩散膜依赖于物质在膜中的浓度梯度和扩散系数差异来实现分离，如气体分离膜中不同气体分子的渗透速率差异。离子交换膜含有带电基团，通过静电作用实现对离子的选择性传输，在电渗析、燃料电池等领域有着重要应用。此外，还有基于生物识别、仿生原理等新型传质机理的膜材料不断涌现，为膜科学技术的发展注入了新的活力。

（四）按电荷特性分类

膜表面的电荷特性对其性能和应用有着显著影响，按照电荷特性可将膜分为中性膜、阳离子交换膜、阴离子交换膜和双性离子交换膜。中性膜表面不带电荷，主要通过尺寸筛分效应实现分离，如超滤膜、微滤膜等。阳离子交换膜表面含有负电荷基团，能够选择性地允许阳离子通过，同时排斥阴离子，在电渗析脱盐、酸碱回收等方面有重要应用。阴离子交换膜含有正电荷基团，对阴离子具有选择性，可用于重金属离子的去除和回收。双性离子交换膜同时含有正负电荷基团，能够根据环境条件调控其电荷特性，在药物控释、生物传感等领域展现出独特的优势。

膜的性质分类是膜科学技术的基础，不同类型的膜在结构、组成和功能上各具特色。深入理解膜的性质与分类，有助于科研人员和工程技术人员根据实际需求，合理选择和设计膜材料，充分挖掘膜科学技术在各领域的应用潜力。随着膜科学技术的不断发展，新型膜材料和膜分离过程不断涌现，为人类社会的可持续发展提供了重要的技术支撑。

二、按膜的结构分类

膜的结构是影响其性能和应用的关键因素之一。根据膜的结构特点，可以将其分为对称膜和非对称膜两大类。对称膜在膜的截面上具有均匀一致的结构，而非对称膜在膜的截面上存在结构的差异性。本部分将详细阐述对称膜和非对称膜的特点、制备方法，以及在膜科学技术中的应用。

（一）对称膜

对称膜是指在膜的截面上，从上表面到下表面具有完全相同的结构和组成。这种结构特点赋予了对称膜独特的性能和应用优势。对称膜可以进一步分为多孔对称膜和致密对称膜。

多孔对称膜具有规则的孔道结构，孔径分布均匀，孔隙率较高。这种结构特点使多孔对称膜具有较高的通量和较低的传质阻力。多孔对称膜常用于微滤、超滤等膜分离过程，可以有效去除水中的悬浮物、胶体、细菌等杂质。多孔对称膜的制备方法包括相转化法、拉伸法、辐照刻蚀法等，通过调控制备条件可以得到不同孔径和孔隙率的多孔对称膜。

致密对称膜不存在连续的孔道结构，物质的传输主要通过溶解—扩散机制进行。致密对称膜具有较高的选择性，能够有效分离尺寸和性质相近的物质。气体分离膜、渗透汽化膜等都属于致密对称膜。致密对称膜的制备方法包括溶液浇铸法、界面聚合法等，通过优化膜材料的组成和制备工艺，可以得到高选择性、高渗透性的致密对称膜。

对称膜在膜科学技术中得到了广泛应用。在水处理领域，多孔对称膜可用于制备高效、低能耗的膜生物反应器，实现污水的深度处理和资源化利用。在气体分离领域，致密对称膜可用于氢气提纯、二氧化碳捕集等关键过程，为实现清洁能源和减缓气候变化做出重要贡献。

（二）非对称膜

非对称膜是指在膜的截面上存在结构和组成的差异性，通常由致密的活性层和多孔的支撑层组成。这种独特的结构赋予了非对称膜优异的分离性能和机械稳定性。非对称膜可以进一步分为复合膜和梯度膜。

复合膜由不同材料制成的活性层和支撑层复合而成，两层之间存在明显的界面。活性层起到选择性分离的作用，而支撑层提供机械强度和结构稳定性。通过优化活性层和支撑层的材料选择和制备工艺，可以得到高性能的复合膜。复合膜在反渗透海水淡化、纳滤脱盐、气体分离等领域得到了广泛应用。

梯度膜是在膜的截面上存在连续的结构和组成梯度，从上表面到下表面孔径逐渐增大，材料组成也呈现梯度变化。这种结构特点使梯度膜兼具了对称膜的高通量和非对称膜的高选择性。梯度膜的制备方法包括相转化法、溶剂挥发法等，通过调控制备过程中的相分离动力学，可以得到不同梯度结构的膜材料。

非对称膜的出现极大地推动了膜科学技术的发展和应用。在水处理领域，复合反渗透膜和纳滤膜已成为海水淡化和苦咸水淡化的主流技术，为缓解全球水资源短缺做出了重要贡献。在生物医药领域，梯度膜可用于制备高效、可控的药物传递系统，实现药物的定点释放和靶向治疗。

膜的结构分类是理解膜材料性能和应用的重要基础。对称膜和非对称膜各具特色，在不同的膜分离过程中发挥着重要作用。深入研究膜的结构与性能之间的关系，对于设计和制备高性能膜材料具有重要的指导意义。随着膜科学技术的不断发展，新型膜结构和制备方法不断涌现，为解决人类社会面临的能源、环境、健康等挑战提供了新的思路和途径。

三、按膜的功能分类

膜作为一种功能材料，其功能的多样性和独特性是膜科学技术的重要特征。按照膜的功能，可以将其分为分离膜、反应膜、保护膜、传感膜等多种类型。不同功能的膜在材料组成、结构设计和制备方法上各具特色，在不同的应用领域发挥着重要作用。本部分将重点介绍分离膜、反应膜、保护膜和传感膜的功能特点、关键技术及典型应用。

（一）分离膜

分离膜是膜科学技术中最重要和应用最广泛的膜材料之一，其主要功能是基于物理化学性质的差异，选择性地分离混合物中的不同组分。分离膜可以进一步分为微滤膜、超滤膜、纳滤膜、反渗透膜、气体分离膜等不同类型，每种类型的膜都有其特定的分离机理和适用范围。

微滤膜和超滤膜主要基于尺寸筛分效应实现分离，其孔径分别为 $0.1 \sim 10\,\mu m$ 和 $1 \sim 100\,nm$。这两类膜广泛应用于水处理、食品澄清、生物分离等领域，可有效去除水中的悬浮物、胶体、细菌、大分子物质等杂质。纳滤膜的孔径更小，一般在 $0.5 \sim 2\,nm$，除了尺寸筛分效应外，还存在道南（Donnan）排斥效应，对二价离子具有较高的截留率。纳滤膜在软化水制备、染料脱盐、抗生素提纯等方面有重要应用。反渗透膜是一种致密膜，其分离机理主要是溶解—扩散机制，对无机盐、有机小分子等均具有较高的截留率。反渗透膜是海水淡化和苦咸水淡化的核心技术，在缓解全球水资源短缺方面发挥着不可替代的作用。气体分离膜利用不同气体分子在膜材料中溶解度和扩散系数的差异实现气体的选择性分离，在氢气提纯、二氧化碳捕集、烃类分离等领域具有广阔的应用前景。

分离膜技术的发展依赖于高性能膜材料的设计和制备。通过合理选择膜材料的化学组成、优化膜的微观结构、引入新型功能基团等策略，可以显著提高分离膜的选择性和渗透性。此外，膜材料与分离过程的耦合优化也是提升分离膜性能的重要手段，如开发新型膜组件、优化操作条件、引入前处理和后处理等措施，可以有效解决膜污染、浓差极化等问题，延长膜的使用寿命，提高分离效率。

（二）反应膜

反应膜是将膜分离过程与化学反应过程耦合的一类新型功能膜材料。反应膜不仅具有选择性分离的功能，还可以催化或促进特定的化学反应。与传统的分离反应过程相比，反应膜可以显著强化传质过程，提高反应选择性和转化率，简化工艺流程，降低能耗成本。

反应膜可以分为多种类型，如催化膜、酶膜、光催化膜等。催化膜是在膜基体上负载或键合催化活性组分，利用膜的分离功能和催化剂的反应功能实现高效、连续的催化反应过程。酶膜是利用酶的特异性识别和催化功能，将酶分子固定在膜载体上，实现生物催化反应与膜分离过程的耦合。光催化膜是将光催化剂与膜材料复合，利用光催化反应产生活性自由基，实现污染物的原位降解和矿化。

反应膜技术的关键在于膜材料与催化剂的有效集成。通过优化膜材料的组成和结构，引入特定的官能团或载体，可以实现催化剂的高分散、高负载和高稳定性。同时，膜反应器的设计和操作条件的优化也是影响反应膜性能的重要因素。反应膜技术在精细化工、生物医药、环境治理等领域具有广阔的应用前景，如用于化学合成、手性拆分、废水处理等过程，可以显著提高反应效率和产品质量，减少污染物排放。

（三）保护膜

保护膜是一类以保护基材表面、延长基材使用寿命为主要功能的膜材料。保护膜通过在基材表面形成一层致密、稳定的屏障层，可以有效阻隔外界环境中的腐蚀介质、污染物等对基材的侵蚀和破坏，从而提高基材的耐久性和可靠性。

保护膜可以根据不同的保护机制分为多种类型，如阻隔膜、牺牲膜、自修复膜等。阻隔膜主要通过物理屏障作用阻止腐蚀介质与基材直接接触，如在金属表面涂覆一层致密的氧化物或高分子膜，可以有效隔绝氧气、水分等腐蚀因素。牺牲膜是利用较基材更活泼的金属作为膜材料，通过优先溶解和腐蚀来保护基材，如在钢铁表面涂覆一层锌或镁膜，可以显著提高钢铁构件的耐腐蚀性能。自修复膜是一类新型的智能保护膜，其中包含可在损伤处释放和修复的活性物质，如微胶囊、纳米管等，当膜层受到损伤时，活性物质可以自动释放并修复损伤区域，实现膜的自修复和再生。

保护膜技术的关键在于膜材料的设计和制备。理想的保护膜应具有优异的机械性能、黏附性、耐腐蚀性和耐磨性，同时还应具有一定的柔韧性和自修复能力。通过合理选择膜材料的组成、优化膜的微观结构、引入功能性添加剂等方法，可以显著提高保护膜的综合性能。保护膜技术在航空航天、海洋工程、能源化工等领域具有广泛的应用，如用于飞机蒙皮、船舶船体、油气管道等关键部件的表面保护，可以显著延长设备的使用寿命，降低维护成本。

（四）传感膜

传感膜是一类将膜材料与传感器件相结合的功能膜，其主要功能是对特定物质或环境因素进行选择性识别和检测。传感膜通过在膜材料中引入特异性识别基团或敏感元件，可以将待测物质的浓度、组成等信息转换为可检测的电信号、光信号等，实现对待测物质的定性和定量分析。

传感膜可以根据不同的传感机理分为多种类型，如电化学传感膜、光学传感膜、质量传感膜等。电化学传感膜是在膜材料中引入电化学活性物质，利用待测物质与电化学活性物质之间的特异性电化学反应，将待测物质的浓度转换为电流、电位等电信号。酶传感器、离子选择性电极等都属于电化学传感膜。光学传感膜是利用待测物质与膜材料之间的光学相互作用，如吸收、荧光、表面等离子体共振等效应，将待测物质的浓度转换为光信号的变化。比色试纸、荧光探针等都是典型的光学传感膜。质量传感膜是在膜材料上集成压电、声表等质量敏感元件，利用待测物质在膜表面的吸附、解吸等过程引起的质量变化，实现对待测物质的高灵敏检测。石英晶体微天平、表面声波传感器等都属于质量传感膜。

传感膜技术的关键在于膜材料与敏感元件的有效集成。通过合理设计和优化膜材料的组成、结构和功能基团，可以显著提高传感膜的灵敏度、选择性和稳定性。同时，传感器件的微型化、集成化和智能化也是传感膜技术发展的重要方向。传感膜技术在环境监测、食品安全、医疗诊断等领域具有广阔的应用前景，如用于水质分析、毒物检测、疾病诊断等，可以实现实时、在线、高灵敏检测和预警，为环境保护、公共安全和人类健康提供重要保障。

膜的功能分类反映了膜科学技术的多样性和交叉性。分离膜、反应膜、保护膜和传感膜等不同功能的膜材料，在材料设计、制备方法、性能优化等方面各具特色，同时也呈现出相互融合、协同发展的趋势。深入理解不同功能膜的工作原理和关键技术，对于突破膜科学技术的瓶颈、拓展膜材料的应用领域具有重要意义。随着新材料、新技术、新需求的不断涌现，膜的功能将不断拓展和丰富，为人类社会的可持续发展提供更加高效、智能、绿色的解决方案。

第二节　膜科学技术的发展历程

一、早期研究与应用

膜科学技术虽然在近几十年取得了飞速发展，但其起源可以追溯到数个世纪之前。早在18世纪中叶，科学家们就开始了对膜现象的探索和研究。这一时期的膜科学研究主要集中在对自然界中存在的生物膜的观察和描述，如动植物细胞膜、鸡蛋膜等。科学家们发现，这些生物膜具有独特的选择透过性，能够控制物质的跨膜转运，维持生命体的正常功能。

随着科学实验方法的不断完善，研究者们开始尝试制备人工合成膜。1748年，法国物理学家诺雷特利用动物膀胱制备了一种半透膜，并用其研究了水和酒精的渗透现象。这标志着人工合成膜的开端，为后来膜科学技术的发展奠定了基础。19世纪中期，英国化学家格雷厄姆开展了系统的膜渗透实验，提出了"格雷厄姆定律"，阐明了气体渗透速率与气体分子量平方根的倒数呈正比的关系。格雷厄姆的研究不仅加深了对膜渗透机理的认识，也为气体分离膜的发展指明了方向。

19世纪后期，德国植物学家普费弗利用硫酸铜和氢氧化钾的化学反应，在多孔陶瓷管内制备了一层致密的铜铁氰化物膜。普费弗用这种人工合成膜开展了系统的渗透实验，研究了溶液的渗透压、渗透平衡等现象，为渗透理论的建立和发展做出了重要贡献。普费弗的研究工作开创了人工合成膜的新纪元，标志着膜科学研究从定性描述走向定量分析的新阶段。

20世纪初期，膜科学技术开始了从基础研究向工业应用的转化。1907年，法国化学家贝肯尼西利用硝化纤维素制备了一种致密的非对称醋酸纤维素膜，并用于酒精—水溶液的分离，这是膜分离技术在工业领域的首次应用。20世纪20年代，美国科学家齐格勒利用格雷厄姆定律，开发了一种气体分离装置，用于从天然气中提取氦气，这标志着气体分离膜技术的工业化应用。随后，各种类型的膜材料和膜分离过程不断涌现，如微滤、超滤、反渗透、电渗析等，极大地拓展了膜技术的应用范围。

"二战"期间，为满足军事需求，膜技术得到了进一步的发展和应用。例如，美国海军开发了一种中空纤维膜装置，用于潜艇上的氧气富集和二氧化碳去除，保障了潜艇的长时间水下作业。"二战"后，膜技术开始向民用领域拓展，在水处理、食品加工、制药等行业得到了广泛应用。例如，20世纪50年代，美国海水淡化装置开始采用醋酸纤维素反渗透膜，实现了海水淡化的工业化应用。

20世纪60年代以来，膜科学技术进入了快速发展时期。一方面，各种高性能膜材料不断涌现，如复合膜、功能化膜、生物膜等，极大地提升了膜的选择性和渗透性。另一方面，膜分离过程与其他单元操作的集成优化，如膜—催化过程、膜—吸附过程等，进一步拓展了膜技术的应用领域。膜技术在能源、环境、生物、医药等领域展现出巨大的应用潜力，成为21世纪最具发展前景的技术之一。

早期的膜科学研究和应用为膜技术的发展奠定了坚实的基础。科学家们从对自然界生物膜的观察入手，通过不断探索和创新，开发出各种人工合成膜材料和膜分离过程，并将其应用于工业生产实践。这一过程充分体现了科学研究与技术应用的紧密结合和互促共进。尽管早期的膜材料和膜设备还存在许多不足，如材料种类单一、生产工艺粗放、分离性能有限等，但这些并不妨碍膜技术展现出的巨大应用潜力。正是凭借科学家们的远见卓识和不懈努力，膜科学技术才能不断突破瓶颈，实现从无到有、从小到大的跨越式发展，成为推动人类社会进步的重要力量。

回顾膜科学技术的发展历程，我们可以看到，每一次重大突破都离不开科学家们的创新精神和探索勇气。从诺雷特的动物膀胱膜到普费弗的铜铁氰化物膜，从贝肯尼西的醋酸纤维素膜到现代的复合功能膜，一代代科学家用他们的智慧和汗水铸就了膜科学技术的辉煌。这种创新精神和探索勇气是推动膜科学技术不断发展的不竭动力，也是我们需要传承和弘扬的宝贵财富。

二、现代膜科学技术的兴起

20世纪中期以来，膜科学技术进入了快速发展的新时期。这一时期，膜科学技术的研究重点从早期的经验探索转向了系统的理论研究和工业应用开发。一大批新型膜材料和膜分离过程不断涌现，极大地推动了膜科学技术的进步和应用拓展。现代膜科学技术的兴起标志着这一领域已经从传统的单一分离技术发展成为材料科学、化学工程、生物技术等多学科交叉的综合性科学技术，成为21世纪最具发展潜力的前沿技术之一。

（一）高性能膜材料的开发

膜材料是膜科学技术的物质基础，其性能的优劣直接决定了膜分离过程的效率和经济性。现代膜科学技术的一个重要特征就是新型高性能膜材料不断涌现。20世纪60年代，勒布（Loeb）和索里拉（Sourirajan）发明了非对称醋酸纤维素反渗透膜，其性能大大超过了当时的其他膜材料，标志着现代高性能分离膜的诞生。随后，一系列新型合成高分子膜材料不断问世，如聚砜、聚酰胺、聚醚砜等，极大地丰富了膜材料的种类，为膜分离技术的发展提供了更多选择。

20世纪80年代以来，复合膜材料得到了广泛关注和快速发展。复合膜是由两种或两种以上材料通过物理或化学方法复合而成的异质膜，兼具各组分材料的优点，能够实现传统单一膜材料难以达到的高性能。各种无机—有机、有机—有机复合膜不断涌现，如陶瓷—高分子复合膜、金属—高分子复合膜、高分子—高分子共混膜等，在气体分离、氢气纯化、燃料电池等领域展现出优异的分离性能和应用前景。

进入21世纪，仿生膜和智能膜成为膜材料开发的新方向。仿生膜是借鉴自然界生物膜的结构和功能，通过人工合成手段制备的新型膜材料。这类材料具有高度的选择性和特异性，在药物分离、手性拆分等领域具有独特的优势。智能膜是在膜材料中引入环境响应特性，如温度响应、pH响应、光响应等，使其结构和性能能够根据环境条件的变化而发生可控的改变。智能膜在药物控释、生物传感、污染物治理等领域展现出广阔的应用前景。

（二）膜分离过程的工业化应用

现代膜科学技术的另一个重要特征是膜分离过程的工业化应用不断深入和拓展。20世纪60年代以来，反渗透、超滤、气体分离等膜分离过程先后实现了大规模工业化应用，在海水淡化、废水处理、天然气净化等领域发挥着不可替代的作用。

20世纪80年代，半导体、医药等高科技产业的迅猛发展，对分离纯化技术提出了更高的要求。膜分离技术以其高效、低耗、绿色等优势，在这些领域得到了广泛应用。如在半导体制造中，超纯水是关键的原材料之一，传统的离子交换技术难以满足其苛刻的纯度要求。超滤—反渗透联用技术的出现，使超纯水的制备变得更加高效和经济。在医药行业，药物分子的手性拆分是一个技术难题，传统的拆分方法存在效率低、成本高等问题。仿生手性膜的问世为手性药物的规模化生产提供了新的解决方案。

21世纪以来，膜技术与其他过程的耦合集成成为工业应用的新趋势。膜—吸附、膜—催化、膜—结晶等耦合过程不断涌现，在提高分离效率、减少能耗、促进资源循环利用等方面展现出巨大的应用潜力。如在碳捕集与利用领域，传统的化学吸收法存在能耗高、腐蚀性强等问题。膜—吸收耦合过程的出现，使二氧化碳的高效捕集和利用成为可能，为缓解温室效应提供了新的技术途径。又如在生物制药领域，连续流动生物反应器需要不断地从反应体系中分离出目标产物。膜—反应耦合过程可以实现产物的原位分离，不仅能够提高反应转化率，还能简化工艺流程，降低生产成本。

（三）膜科学技术的理论研究进展

支撑现代膜科学技术发展的另一种重要力量是膜分离过程的理论研究。20世纪中期以来，膜分离过程的传质机理、动力学特性、过程强化等方面的研究取得了长足进展，极大地促进了新型膜材料和膜分离过程的开发及应用。

在传质机理研究方面，溶解—扩散理论、孔流理论等经典理论不断完善，新的传质模型和机理不断提出。如对高分子膜中的自由体积理论、对无机膜中的表面扩散理论等，加深了人们对不同膜材料传质机理的认识，为膜材料的分子设计和改性提供了理论指导。在动力学特性研究方面，浓差极化、膜污染等膜过程的动力学行为受到广泛关注。各种描述浓差极化发展过程的动力学模型不断提出，膜污染机理和控制策略研究不断深入，极大地促进了膜分离过程的工业应用。

进入21世纪，过程强化成为膜分离过程理论研究的新热点。如何在不改变膜材料性能的前提下，通过优化操作条件、改进膜组件、引入外场等手段，提高膜分离过程的效率和经济性，成为研究者关注的焦点。各种膜过程强化技术不断涌现，如振动强化、电场强化、表面修饰等，为膜分离过程的工业应用提供了新的思路和手段。同时，先进表征技术和计算模拟方法的引入，使膜材料和膜过程的微观机制研究成为可能，极大地促进了膜科学技术的理论研究。

现代膜科学技术经过半个多世纪的发展，已经成为一种蓬勃发展的综合性科学技术。新型膜材料的不断涌现、膜分离过程的工业化应用不断深化、膜分离理论的不断创新，推动着膜科学技术从实验室走向工业，从单一分离走向过程集成，从经验探索走向科学设计。可以预见，随着全球资源、能源、环境等问题的日益突出，膜科学技术必将迎来更广阔的发展空间和更光明的应用前景。

三、膜科学技术的最新进展

进入21世纪，膜科学技术呈现出多学科交叉融合、多领域协同创新的局面。纳米科技、生物技术、信息技术等新兴科技与膜科学技术不断融合，催生了一大批具有颠覆性的新型膜材料和膜过程，极大地拓展了膜技术的应用空间。同时，可持续发展理念的深入人心，也为膜科学技术的发展指明了方向。本部分将重点介绍纳米复合膜、仿生智能膜、膜过程强化等膜科学技术的最新进展，展望其在能源、环境、健康等领域的应用前景。

（一）纳米复合膜

纳米复合膜是将无机或有机纳米材料引入高分子基体而形成的一类新型复合膜。纳米材料独特的物理化学性质，如高比表面积、量子尺寸效应等，可以赋予复合膜优异的分离性能和多功能特性。近年来，各种新型纳米复合膜不断涌现，如石墨烯复合膜、金属—有机框架复合膜、共价有机框架复合膜等，在气体分离、水处理、燃料电池等领域展现出广阔的应用前景。

以石墨烯复合膜为例，石墨烯是一种由碳原子构成的二维蜂窝状结构材料，具有优异的机械强度、导电性和导热性。将石墨烯引入高分子基体，可以显著提高复合膜的力学性能和抗污染性能。同时，石墨烯片层之间形成的纳米通道，可以实现气体、离子的高选择性传输。石墨烯复合膜在二氧化碳捕集、海水淡化、燃料电池质子交换膜等领域展现出独特的优势，有望成为未来膜技术的重要发展方向。

金属—有机框架（MOF）和共价有机框架（COF）是近年来发展起来的重要的纳米多孔材料。这类材料具有高度有序的孔道结构和超高的比表面积，可以实现气体、液体分子的高效吸附和选择性传输。将MOF、COF引入高分子基体，可以得到兼具高渗透性和高选择性的复合膜。MOF、COF复合膜在氢气纯化、甲烷富集、二氧化碳捕集等领域具有独特的优势，是未来天然气净化、温室气体减排等领域的重要技术选择。

（二）仿生智能膜

仿生智能膜是融合了仿生学和智能材料设计理念的新型膜材料。通过借鉴自然界生物膜的结构和功能，并引入环境响应特性，仿生智能膜可以实现对复杂环境的自适应调控和对目标分子的定向传输。这类膜材料在药物控释、生物传感、污染物治理等领域展现出独特的优势和广阔的应用前景。

在药物控释领域，研究者开发出了一类具有"门控"功能的仿生智能膜。这类膜材料表面修饰有环境响应性高分子，如温度响应性高分子、pH响应性高分子等。在特定的环境条件下，高分子链构象发生变化，打开或关闭膜表面的"门"，实现药物分子的定向释放。这种"门控"药物传递系统可以显著提高给药效率，降低药物毒副作用，有望成为未来智能药物传递的重要技术平台。

在生物传感领域，研究者开发出了一类具有"分子识别"功能的仿生智能膜。这类膜材料表面修饰有特异性识别基团，如抗体、适配体等。当目标分子与识别基团结合时，会引起膜材料电学、光学等性质的变化，从而实现对目标分子的高灵敏检测。仿生智能膜传感器具有选择性高、灵敏度高、响应速度快等优点，在临床诊断、食品安全、环境监测等领域具有广泛的应用前景。

在污染物治理领域，研究者开发出了一类具有"自清洁"功能的仿生智能膜。受荷叶和蝴蝶翅膀表面"自清洁"特性的启发，研究者通过在膜表面构建多级微纳米结构，并引入光催化、亲水／疏水转换等功能基团，赋予膜材料优异的抗污染和自清洁特性。这类仿生智能膜可以显著延长膜的使用寿命，降低能耗成本，在水处理、空气净化等领域具有广阔的应用前景。

（三）膜分离过程强化技术

膜分离过程强化技术是提高膜过程效率和经济性的重要手段。近年来，各种新型过程强化技术不断涌现，如振动强化、旋转强化、电场强化等，极大地拓展了膜分离过程的应用空间。这些强化技术通过引入外场或改变流动状态，可以有效抑制浓差极化和膜污染，提高膜通量和分离选择性。

在振动强化技术方面，研究者开发出了各种振动膜装置，如振动平板膜、振动管式膜、振动中空纤维膜等。通过在膜组件上施加机械振动，可以引起料液的紊流和扰动，有效破坏边界层，减轻浓差极化。振动强化不仅可以显著提高膜通量，还可以有效抑制膜污染，延长膜的使用寿命。振动强化技术在高浓度废水处理、高黏度物料分离等领域展现出独特的优势。

在旋转强化技术方面，研究者开发出了各种旋转膜装置，如旋转圆盘膜、旋转圆锥膜、旋转螺旋膜等。通过使膜组件高速旋转，可以在膜表面形成强剪切流动，有效抑制浓差极化和膜污染。同时，旋转产生的离心力场可以促进料液的径向混合，提高传质效率。旋转强化技术在血液透析、果汁澄清、生物质分离等领域得到了广泛应用。

在电场强化技术方面，研究者开发出了各种电渗析膜装置，如电渗析器、电转透析器等。通过在膜两侧施加直流电场，可以促进带电粒子的定向迁移，提高离子传输效率。同时，电场对流和电渗流的协同作用，可以有效抑制浓差极化和膜污染。电场强化技术在海水淡化、废酸回收、柠檬酸提纯等领域展现出独特的优势。

膜科学技术作为一门蓬勃发展的交叉学科，其最新进展涉及材料科学、化学工程、生物技术等多个领域。纳米复合膜、仿生智能膜、膜过程强化等新技术、新材料的出现，极大地拓展了膜分离过程的应用空间，为应对能源、环境、健康等领域的重大挑战提供了新的思路和手段。作为膜科学技术的研究者和实践者，我们要紧跟学科前沿，立足应用需求，加强产学研协同创新，不断推动膜科学技术的进步和发展。只有这样，才能不断突破膜技术的瓶颈，开创膜应用的新天地，为人类社会的可持续发展做出更大的贡献。

第三节　膜分离过程的原理与特点

一、基于孔径的分离原理

膜分离过程是以膜为介质，在推动力作用下实现混合物分离、纯化的一种过程。膜分离过程的核心是膜材料对不同组分的选择性传输，而这种选择性传输的实现机制依赖于膜材料的结构特征和组分的物理化学性质。在众多膜分离过程中，基于孔径的分离原理是最基本、最直观的一类，广泛应用于微滤、超滤、纳滤等膜过程。本部分将系统阐述基于孔径分离原理的基本概念、关键影响因素及典型膜过程，以期为读者全面理解膜分离过程奠定基础。

（一）分离机制

基于孔径的分离原理，又称为筛分机制，是指膜材料利用其表面或内部的微孔结构，基于分子或颗粒尺寸的差异实现选择性分离的机制。具体而言，当混合物料液在压力差的推动下接触膜表面时，尺寸小于膜孔径的分子或颗粒可以自由通过膜孔，进入透过液一侧；而尺寸大于膜孔径的分子或颗粒被阻留在料液一侧，实现了大小分子或颗粒的分离。这一机制直观易懂，类似于将混合物通过一个精细筛网，大颗粒被筛网阻留，小颗粒通过筛网。

基于筛分机制的膜分离过程，膜材料的孔径分布是决定分离性能的关键因素。一般而言，膜材料的孔径分布越窄，对目标分子或颗粒的分离选择性越高。理想的膜材料应具有高度均一的孔径分布，所有膜孔大小基本一致，才能实现对目标组分的完全分离。然而，受限于材料特性和制备工艺，实际膜材料的孔径分布往往呈现一定的宽度，存在一定范围的孔径差异。因此，实际膜分离过程的分离性能往往不如理想情况，存在一定程度的不完全分离。

（二）关键影响因素

影响基于孔径的分离过程的操作参数主要包括操作压力、操作温度、料液浓度、料液pH值等。合理调控操作参数，对于优化膜分离过程的分离性能和经济性至关重要。

操作压力是驱动料液透过膜的推动力。提高操作压力，一方面可以增大料液的跨膜通量，提高膜的生产能力；另一方面会加剧膜表面的浓差极化现象，导致膜通量下降和分离选择性降低。因此，操作压力的选择需要在通量和选择性之间进行平衡，综合考虑分离效果和能耗成本。

操作温度对料液的黏度和组分的溶解性有重要影响。提高操作温度，可以降低料液的黏度，减小料液的传递阻力，提高膜通量。但温度过高也可能引起膜材料的老化和破坏，导致膜性能下降。同时，温度变化还会影响料液中各组分的溶解度，进而影响其在膜中的传输行为。因此，操作温度的选择需要综合考虑料液性质、膜材料特性和分离目标等因素。

料液浓度和pH值主要影响料液中各组分的形态和相互作用。高浓度的料液往往黏度大，渗透压高，不利于膜分离过程的进行。同时，高浓度条件下溶质分子间的相互作用增强，也会影响其在膜中的传输行为。料液的pH值会影响溶质分子的解离度和膜材料的表面电荷状态，进而影响溶质分子与膜的相互作用。因此，合理控制料液浓度和pH值，对于维持膜分离过程的稳定运行和优化分离效果非常重要。

（三）典型膜过程

基于孔径分离原理的典型膜过程包括微滤、超滤和纳滤。这三类膜过程在孔径范围、操作压力、分离对象等方面各具特点，在水处理、食品加工、生物医药等领域得到了广泛应用。

微滤是一种孔径为 $0.1 \sim 10\,\mu m$ 的膜分离过程，主要用于去除水中的悬浮物、胶体、细菌等颗粒态物质。微滤膜的操作压力较低，通常为 $0.1 \sim 0.2\,MPa$。与传统的砂滤、纸滤等过程相比，微滤膜的截留精度高，水力负荷大，运行稳定，已成为饮用水深度处理、废水回用、蛋白质澄清等领域的主流技术。

超滤是一种孔径为 $1 \sim 100\,nm$ 的膜分离过程，主要用于去除水中的大分子物质，如蛋白质、多糖、病毒等。超滤膜的操作压力通常为 $0.2 \sim 1.0\,MPa$，高于微滤但低于反渗透。超滤技术具有良好的澄清、纯化和浓缩效果，在食品、生物制药、纺织印染等领域得到了广泛应用。如利用超滤技术可以有效去除果汁中的果胶、淀粉等杂质，提高果汁的透明度和稳定性；利用超滤技术可以实现抗生素发酵液的澄清和浓缩，大大简化下游提取纯化工艺。

纳滤是一种介于超滤和反渗透之间的膜分离过程，孔径为 $0.5 \sim 2\,nm$。纳滤膜对无机盐和低分子有机物具有一定的截留作用，因此也称为软化膜或低压反渗透膜。纳滤技术在脱盐、水软化、除硬度等方面具有独特的优势，已成为制备高纯水、净化有机溶剂、浓缩果汁等领域的新兴技术。相比反渗透，纳滤的操作压力更低，为 $0.5 \sim 3.5\,MPa$；相比离子交换，纳滤不需要再生环节，运行更加简便。

基于孔径的分离原理是膜分离过程的基础，阐明了膜材料结构与分离性能之间的内在联系。微滤、超滤、纳滤等典型膜过程充分利用了这一分离原理，在众多领域展现出了独特的分离优势和应用价值。深入理解基于孔径分离的机制、影响因素和应用特点，是设计高效膜分离过程、开发高性能膜材料的重要基础。面向未来，仍需在膜材料结构调控、膜过程强化、膜污染控制等方面开展深入研究，不断拓展和优化基于孔径分离原理的膜技术，推动其在资源高效利用、污染物深度去除、高端产品精制等方面发挥更大的作用。

二、基于溶解—扩散机制的分离原理

除基于孔径的分离原理外，溶解—扩散机制是另一类重要的膜分离原理，广泛应用于反渗透、气体分离、渗透汽化等致密膜过程。与基于孔径的分离原理不同，溶解—扩散机制并不依赖于膜材料的孔径结构，而是利用渗质分子在膜中的溶解度和扩散系数差异实现选择性分离。本部分将详细阐述溶解—扩散机制的热力学基础、动力学特征及影响因素，并结合典型膜过程，讨论其在实际应用中的特点和优势。

（一）热力学基础

溶解—扩散机制的热力学基础是渗质分子在膜材料中的溶解度差异。当渗质分子接触致密膜表面时，首先发生的是分子在膜材料中的溶解过程。这一过程类似于气体或液体分子在溶剂中的溶解，驱动力是渗质分子在膜材料中的化学势差。根据热力学平衡原理，渗质分子在膜中的溶解度与其在膜两侧的分压（对于气体）或浓度（对于液体）呈正比。对于多组分体系，不同组分在膜中的溶解度差异是实现选择性分离的热力学基础。

影响渗质分子在膜中溶解度的因素主要包括渗质分子与膜材料的亲和力、渗质分子的体积、膜材料的自由体积等。一般而言，渗质分子与膜材料的亲和力越强，其在膜中的溶解度越大。亲和力的强弱取决于渗质分子和膜材料的化学结构，如极性基团的数量、氢键的形成能力等。渗质分子的体积也会影响其在膜中的溶解度，分子体积越小，在膜中的溶解度越大。此外，膜材料的自由体积是指高分子链间的空隙区域，自由体积越大，渗质分子在膜中的溶解度越大。

（二）动力学特征

溶解—扩散机制的动力学特征是渗质分子在膜中的扩散传质。渗质分子在膜中溶解后，在浓度梯度或压力梯度的驱动下，通过自由体积在膜基体中进行扩散迁移，最终到达膜的下游侧。渗质分子在膜中的扩散通量可用菲克（Fick）定律描述，即通量与浓度梯度呈正比，与扩散系数成正比。对于多组分体系，不同组分在膜中的扩散系数差异是实现选择性分离的动力学基础。

影响渗质分子在膜中扩散系数的因素主要包括渗质分子的体积、形状、膜材料的自由体积分布等。一般而言，渗质分子的体积越小，形状越规则，在膜中的扩散系数越大。这是因为小分子在高分子链网络中的迁移阻力小，扩散路径更为直接。膜材料的自由体积分布也会影响渗质分子的扩散行为。自由体积的尺寸分布越均匀，渗质分子的扩散路径越规整，扩散系数越大。相反，如果自由体积的尺寸分布不均匀，存在大量隔离的微区，将阻碍渗质分子的连续扩散，降低扩散系数。

溶解—扩散过程的总体传质规律可用溶解—扩散模型描述。该模型假设渗质分子在膜上下游的溶解平衡和膜内的扩散传质是相互独立的，膜内不存在对流现象，渗质分子在膜中的浓度呈线性分布。基于这些假设，溶解—扩散模型给出了渗质分子透过膜的通量表达式，即通量与渗质分子在膜中的溶解度和扩散系数的乘积成正比，与膜两侧的推动力（分压差或浓度差）成正比。该模型简明地揭示了影响溶解—扩散机制的关键因素，为膜材料的分子设计和膜过程的优化控制提供了理论指导。

（三）影响因素

影响基于溶解—扩散机制的膜分离过程的因素主要包括操作温度、操作压力、膜材料的化学结构和物理结构等。合理调控这些因素，对于提高膜分离过程的选择性和渗透性至关重要。

操作温度对溶解—扩散过程有复杂的影响。一方面，升高温度可以增加渗质分子在膜中的溶解度，提高其在膜中的浓度，有利于渗透传质。另一方面，温度升高会增大高分子链的热运动，导致自由体积尺寸分布变宽，不利于选择性分离。此外，过高的温度还可能引起膜材料的老化和降解，导致膜性能下降。因此，操作温度的优化需要在渗透性和选择性之间进行平衡，并充分考虑膜材料的耐热性能。

操作压力是溶解—扩散过程的主要驱动力。提高操作压力，可以增大膜两侧的跨膜压差，加速渗质分子的溶解和扩散传质，提高渗透通量。然而，过高的操作压力也可能导致膜材料的变形和压实，引起自由体积的塌陷，降低渗质分子的扩散系数。同时，高压条件下膜表面的浓差极化现象更加严重，导致实际的跨膜推动力下降。因此，操作压力的选择需要综合考虑膜材料的机械性能、渗质分子的特性及过程的经济性。

膜材料的化学结构和物理结构是影响溶解—扩散过程的内在因素。膜材料的化学结构，如高分子链上的官能团种类、数量、空间排布等，决定了其与渗质分子的相互作用力，进而影响渗质分子的溶解度。引入与渗质分子亲和力强的官能团，可以提高其在膜中的溶解度，改善渗透性。膜材料的物理结构，如高分子链的取向度、结晶度、自由体积分数等，主要影响渗质分子的扩散行为。提高膜材料的取向度和结晶度，可以得到尺寸均匀、排列规整的自由体积结构，有利于渗质分子的定向扩散，提高选择性。增大膜材料的自由体积分数，可以降低渗质分子的扩散阻力，提高渗透性。因此，通过分子设计和结构调控，优化膜材料的化学结构和物理结构，是提升基于溶解—扩散机制的膜分离性能的重要途径。

（四）典型膜过程

基于溶解—扩散机制的典型膜过程包括反渗透、气体分离和渗透汽化。这些膜过程在海水淡化、氢气提纯、有机溶剂回收等领域得到了广泛应用，展现出独特的技术优势和应用前景。

反渗透是利用溶解—扩散机制实现液相混合物分离的一种膜过程。反渗透膜通常由交联聚酰胺、芳香族聚酰胺等致密高分子材料制成，对无机盐、有机小分子等溶质具有很高的截留率，而对水分子具有选择透过性。在一定的压力驱动下，水分子优先溶解在膜材料中并向低压侧扩散，而盐分等杂质被阻留在高压侧，实现了海水、苦咸水的脱盐。与传统的蒸馏法相比，反渗透技术的能耗更低，运行更加简便，已成为海水淡化和苦咸水处理的主流技术。

气体分离是利用溶解—扩散机制实现气相混合物分离的一种膜过程。气体分离膜通常由橡胶、聚酰亚胺等非晶高分子材料制成，对不同气体分子具有选择透过性。气体分子在膜中的溶解度和扩散系数差异是实现选择性分离的基础。以氢气/二氧化碳分离为例，氢气分子体积小，在膜中的溶解度和扩散系数都高于二氧化碳，因此优先透过膜材料，实现了氢气的富集和提纯。气体分离膜技术具有分离效率高、能耗低、设备简单等优点，在氢气提纯、天然气脱碳、烟道气脱硫等领域得到了广泛应用。

渗透汽化是利用溶解—扩散机制实现液相混合物分离的另一种膜过程。与反渗透不同，渗透汽化过程中料液与膜的下游侧保持真空或载气吹扫状态，使透过膜的组分直接汽化，实现了液相分离和相变过程的耦合。渗透汽化膜通常由亲水性高分子材料如聚乙烯醇、聚乙烯吡咯烷酮等制成，对极性小分子如水、醇类等具有优先透过性。在料液和真空的推动下，极性分子优先溶解在膜材料中并向膜的下游侧扩散，在真空条件下汽化并被收集，实现了与非极性有机物的分离。渗透汽化技术具有高选择性、低能耗、无相变热等优点，在有机溶剂脱水、汽油脱硫、香料提取等领域具有广阔的应用前景。

基于溶解—扩散机制的分离原理是致密膜过程的理论基础，阐明了膜透过性与选择性的内在关系，揭示了影响膜分离性能的关键因素。以反渗透、气体分离、渗透汽化为代表的溶解—扩散型膜过程，充分利用了渗质分子在膜材料中的溶解度和扩散性差异，在众多领域展现出了独特的分离优势和应用价值。深入理解溶解—扩散机制的热力学基础、动力学特征及影响规律，对于开发高性能膜材料、优化膜过程操作具有重要的指导意义。未来，还需在膜材料的分子设计、界面调控、过程强化等方面开展深入研究，进一步提升基于溶解—扩散机制的膜分离效率和稳定性，拓展其在能源、环境、化工等领域的应用空间，推动膜分离技术的创新发展。

三、膜分离过程的特点

膜分离过程作为一种新型的分离技术，与传统的分离方法相比，具有一系列独特的优势和特点。这些特点赋予了膜分离技术在诸多领域的广阔应用前景，也为膜科学技术的创新发展提供了重要契机。本部分将从分离效率、能耗特征、过程强度、环境影响等方面，系统阐述膜分离过程的特点，以期为读者全面理解膜分离技术的优势和应用潜力奠定基础。

（一）高效分离

膜分离过程最显著的特点之一是高效分离。得益于膜材料独特的选择透过性，膜分离过程可以在分子、离子尺度上实现对目标物质的精准识别和快速分离，其分离效率远高于传统的蒸馏、萃取、吸附等方法。以反渗透海水淡化为例，反渗透膜对水分子具有优先透过性，而对钠离子、氯离子等海水中的盐分具有很高的截留率，一般可达99%以上。这意味着，单程反渗透过程就可以将海水中的盐分去除到很低的水平，而传统的多效蒸馏法往往需要多级蒸发和冷凝才能达到同等脱盐效果。类似地，超滤膜可以高效去除水中的病毒、蛋白质等大分子物质，纳滤膜可以实现对二价离子和有机小分子的选择性分离，气体分离膜可以实现氢气、二氧化碳等气体的高纯度富集。

膜分离过程高效分离的特点体现在两方面。一方面，源于先进膜材料的精准筛分功能。通过对膜材料的化学结构、物理形貌、表界面性质等进行分子设计和调控，可以实现对目标分子或离子的高度识别和选择性透过。另一方面，得益于膜分离过程的快速传质特性。与传统的分离过程相比，膜分离过程不依赖于相平衡或热力学平衡，而是在跨膜推动力的驱动下实现连续的、定向的传质过程。这种快速传质机制可以大大缩短分离时间，提高分离效率。此外，膜分离过程还可以通过过程强化技术，如引入湍流促进器、振动场、电场等，进一步强化传质过程，提升分离性能。

（二）低能耗

膜分离过程的另一个重要特点是低能耗。与传统的热力学分离过程（如蒸馏、结晶等）不同，膜分离过程本质上是一种非平衡态下的动力学分离过程，它利用压力、浓度、电位等形式的跨膜推动力，实现组分的选择性传输和分离，而无须对整个体系进行加热或冷却。这种常温、常压条件下的分离方式，可以显著降低能量消耗，提高能源利用效率。以海水淡化为例，传统的多效蒸馏法需要将海水加热到沸点以上，再通过多级蒸发和冷凝实现淡水的制取，能耗通常为 $100 \sim 200 \, kW \cdot h / m^3$。采用反渗透膜技术，只需在常温下对海水施加一定的压力（一般为 $5 \sim 8 \, MPa$），即可实现海水的连续脱盐，能耗可降至 $5 \sim 10 \, kW \cdot h / m^3$，节能效果显著。

膜分离过程的低能耗特点，除了得益于其非平衡态分离的本质外，还与膜材料和膜过程的优化设计密切相关。通过开发高通量、高选择性的膜材料，优化膜组件和流道结构，采用能量回收装置等措施，可以进一步降低膜分离过程的能耗水平。如在反渗透海水淡化中，采用高通量海水反渗透膜，可以在较低操作压力下实现高脱盐率和高水通量，从而降低单位淡水制取能耗。再如在纳滤脱盐过程中，采用错流流道设计和多级串联工艺，可以最大限度地利用浓差极化效应，提高料液的利用率，减少能量损失。在气体分离、有机溶剂回收等领域，采用多级膜过程串联和能量回收技术，也可以显著提升能源利用效率。

（三）强化传质

膜分离过程的一个显著特点是强化传质。与传统的分离过程相比，膜分离过程具有独特的强化传质机制，可以显著提高单位体积设备的处理能力和分离效率。这种强化传质机制主要体现在两个方面：一是膜过程的高比表面积特性，二是膜分离的界面传质特性。

膜过程的高比表面积特性源于其特殊的形态结构。工业膜组件通常采用中空纤维、卷式、管式等高堆积密度的形式，膜面积与设备体积之比可高达 $1000 \mathrm{m^2/m^3}$ 以上。这种高比表面积的堆积形式，使大量的料液可以在极小的设备空间内与膜材料充分接触，从而大大提高了单位体积设备的处理能力。以中空纤维超滤膜为例，典型的中空纤维膜丝直径为 $0.5 \sim 2.0 \mathrm{mm}$，成千上万根膜丝紧密堆积在膜组件中，每立方米组件的膜面积可达 $500 \sim 1000 \mathrm{m^2}$。这意味着，一个直径为 $20 \mathrm{cm}$、长度为 $1 \mathrm{m}$ 的中空纤维超滤膜组件，其处理能力可相当于数十甚至上百台传统的板框压滤机。

膜分离的界面传质特性源于其独特的传递机制。在膜分离过程中，物质传递主要发生在膜与料液的界面上，传质路径短、传质效率高。这种界面传质机制避免了料液在设备内的长距离混合和传递，减少了不必要的压降损失和浓差极化效应。尤其是在膜的表面引入湍流促进结构或振动场等强化手段后，界面传质效应进一步凸显。湍流的微观扰动和振动场的高频振荡可以有效破坏边界层，减少浓差极化，从而大大提高膜通量和分离效率。

膜分离过程强化传质的特点，使其在诸多领域展现出独特的技术优势和应用潜力。如在大规模水处理领域，膜生物反应器（MBR）技术通过将超滤膜组件与活性污泥池集成，利用超滤膜的高比表面积和界面传质特性，可以大幅提高污水的处理负荷和出水水质，且设备占地面积仅为传统活性污泥法的 $1/10 \sim 1/5$。再如在制药领域，连续式藻类培养和生物活性物质提取领域，高通量超滤、纳滤膜技术可实现生物原料的高效收集和浓缩，大幅提高单位时间、单位体积的生产效率。

（四）绿色环保

膜分离过程的另一个重要特点是绿色环保。作为一种基于物理过程的新型分离技术，膜分离过程具有显著的环境友好特征，可以最大限度地减少对环境的不利影响。这种环境友好特征主要体现在无相变、低排放、易集成等方面。

膜分离过程大多在常温、常压等温和条件下进行，不涉及相变，不需要添加化学试剂，因此可以避免因加热、冷却、化学反应等引起的能源消耗和污染排放。以膜法提取果汁为例，传统的果汁澄清工艺需要加入明矾、硅藻土等澄清剂，产生大量的助滤剂残渣；采用超滤膜澄清，无须任何助滤剂，可以直接得到澄清、稳定的果汁产品，避免了残渣的二次污染。再如膜法脱硫、脱碳技术，利用特殊的膜材料对二氧化硫、二氧化碳等酸性气体进行选择性分离，无须添加任何吸收剂，可以大幅减少污染物排放，实现烟道气的绿色净化。

膜分离过程的低排放特点还体现在其高回收率、低废液量等方面。得益于膜材料的高选择性分离功能，膜法可以实现对目标产品的高效富集和回收，减少不必要的物料损失和废液排放。如在染料、抗生素等精细化工产品的生产中，纳滤、反渗透等膜分离技术可用于母液的脱盐和浓缩，回收率可达90%以上，大大降低了废盐、废水的排放量。再如在印染、电镀等行业，膜法可用于工艺废水的深度处理和回用，使废水的回用率大幅提高，减少了新鲜水消耗和污染物排放。

膜分离过程还具有易于工艺集成的特点，可以方便地与其他单元操作联用，实现过程的集约化和清洁化。如膜与生物反应器、膜与催化剂的耦合，实现了生化反应与分离过程的一体化，简化了流程，减少了中间产物的排放。膜与吸附剂、膜与萃取剂的复合，可发挥协同效应，提高分离选择性，减少有机溶剂的使用。膜材料的功能化和模块化设计，也为膜分离技术在不同领域的应用创造了条件，实现了分离功能的灵活组合与优化配置。

膜分离过程绿色环保的特点，使其成为实现清洁生产、可持续发展的重要技术手段。在日益严峻的资源、能源、环境挑战下，膜法脱盐、膜法提纯、膜法净化等绿色膜分离技术必将得到更加广泛的应用，为化工、冶金、环保等行业的绿色升级和转型发展做出重要贡献。同时，膜材料和膜过程的绿色化发展，也必将成为未来膜科学技术研究的重要方向，通过生物基、可降解膜材料的开发，低污染、节能增效膜过程的设计，不断提升膜分离技术的环境友好性和可持续性。

膜分离过程高效、节能、强化、绿色的特点，赋予了其广阔的应用前景和巨大的发展潜力。这些特点的充分发挥，一方面，有赖于先进膜材料和膜组件的开发，通过分子设计、界面调控、形态优化等手段，不断提升膜的选择性、通量和稳定性；另一方面，有赖于膜分离过程的优化集成和系统创新，通过多级串联、耦合强化、智能控制等方式，不断提高膜分离过程的效率和经济性。只有在材料、过程、装备等方面实现协同创新，膜分离技术的优势和特点才能得到最大限度的发挥，为资源高效利用、环境友好制造、清洁低碳发展提供更加有力的支撑。

第二章　膜材料及其制备

第一节　膜材料的种类与性能要求

一、无机膜材料

无机膜材料是由无机非金属或金属材料制成的一类膜材料，具有优异的热稳定性、化学稳定性和机械强度，在高温、强腐蚀等苛刻条件下具有独特的应用优势。无机膜材料种类繁多，按照材料组成可分为陶瓷膜、金属膜、玻璃膜、沸石分子筛膜等；按照结构特征可分为致密膜、多孔膜、非对称膜等。本部分将重点介绍几类典型的无机膜材料，阐述其结构、性能特点，以及在膜分离过程中的应用。

（一）陶瓷膜

陶瓷膜是最重要、应用最广泛的一类无机膜材料之一。陶瓷膜通常由氧化铝、氧化锆、氧化钛等陶瓷粉体经成型、烧结制得，具有优异的热稳定性、化学稳定性和机械强度。陶瓷膜可分为对称结构和非对称结构两大类。对称结构陶瓷膜具有均匀的孔径分布，孔径范围从纳米到微米不等，可用于微滤、超滤等膜分离过程。非对称结构陶瓷膜由致密的分离层和多孔的支撑层构成，兼具高选择性和高通量的特点，在气体分离、渗透蒸发等领域有重要应用。

1. 氧化铝陶瓷膜

氧化铝陶瓷膜是应用最早、最成熟的一类陶瓷膜材料之一。利用氧化铝粉体易烧结、易成型的特点，可方便地制备出平均孔径从纳米到微米、孔隙率为30%～70%的多孔氧化铝陶瓷膜。通过改变粉体粒径、烧结温度等制备参数，可精确调控氧化铝陶瓷膜的孔径大小和孔隙率，满足不同应用需求。氧化铝陶瓷膜具有优异的热稳定性和化学稳定性，在高温条件下仍能保持良好的分离性能。同时，氧化铝陶瓷膜还具有较高的机械强度和耐磨性，可长期在强剪切、高压差等苛刻条件下稳定运行。

氧化铝陶瓷膜在水处理、食品加工、生物制药等领域得到了广泛应用。在水处理领域，微滤、超滤等氧化铝陶瓷膜可用于地表水、污水的深度处理和回用，实现对微生物、悬浮物、胶体等杂质的高效去除。与传统的砂滤、活性炭吸附等工艺相比，氧化铝陶瓷膜具有截留精度高、运行稳定、清洗再生容易等优点。在食品加工领域，氧化铝陶瓷膜可用于果汁澄清、酒类除菌、植物油脱臭等工艺，实现对大分子杂质的选择性分离，提高产品质量。在生物制药领域，氧化铝陶瓷膜可用于发酵液澄清、蛋白质纯化、病毒去除等环节，具有无污染、易清洗、易灭菌等优点，满足生物工艺的高洁净度要求。

2. 氧化锆陶瓷膜

氧化锆陶瓷膜是近年来发展起来的一类高性能陶瓷膜材料。与氧化铝陶瓷膜相比，氧化锆陶瓷膜具有更高的机械强度和韧性，以及更好的抗腐蚀性和抗氧化性。通过掺杂钇、铈等稳定剂，可进一步提高氧化锆陶瓷膜的结构稳定性和离子导电性。氧化锆陶瓷膜可制备成对称结构和非对称结构，孔径范围覆盖微滤、超滤、纳滤等领域，在高温、强腐蚀等苛刻条件下具有独特的应用优势。

非对称结构氧化锆陶瓷膜在气体分离、膜催化等领域展现出巨大的应用潜力。相比于高分子膜材料，非对称结构氧化锆陶瓷膜在高温条件下具有更好的分离性能和长期稳定性。通过在致密氧化锆陶瓷层上引入过渡金属（如钯、银等）或氧化物（如二氧化铈等），可赋予陶瓷膜一定的催化活性，实现膜分离与催化反应的耦合。这类复合功能陶瓷膜在氢气提纯、二氧化碳捕集、烃类转化等领域具有广阔的应用前景。

对称结构氧化锆陶瓷膜在水处理、生物分离等领域有重要应用。相比于氧化铝陶瓷膜，氧化锆陶瓷膜具有更高的机械强度和化学稳定性，可在强酸、强碱等极端 pH 条件下长期稳定运行。利用这一特点，氧化锆陶瓷膜可用于含油废水、电镀废液等难处理工业废水的深度处理，以及核工业废液的放射性元素分离。在生物制药领域，抗压性好、耐高温灭菌的氧化锆陶瓷膜也成为病毒滤除、蛋白质纯化的优选材料。

3. 多孔硅、多孔碳等新型陶瓷膜

近年来，多孔硅、多孔碳等新型陶瓷膜材料受到广泛关注。这类材料具有规则的孔道结构和超高的比表面积，孔径分布集中，可实现亚纳米级的精确筛分。通过溶胶—凝胶法、化学刻蚀法等技术，可制备出孔径在 $0.5 \sim 2 \, nm$、比表面积高达 $1000 \, m^2 / g$ 以上的介孔硅膜和介孔碳膜。介孔硅膜具有良好的亲水性和生物相容性，在药物缓释、生物传感等领域有独特的应用优势。介孔碳膜兼具疏水特性和导电特性，在气体分离、电化学分析等领域极具应用潜力。

多孔硅、多孔碳膜在气体分离领域展现出优异的分子筛分性能。利用介孔硅和介孔碳材料的微孔效应和表面扩散机制，可实现 CO_2 / CH_4、N_2 / O_2 等气体的高效分离，在天然气净化、变压吸附制氧等领域有广阔的应用前景。通过在多孔硅、多孔碳膜表面引入氨基、羧基等化学基团，可进一步提高其对特定气体分子的吸附选择性。此外，多孔硅、多孔碳膜优异的物质传输特性和纳米限域效应，也为膜催化、膜反应器等领域提供了新的研究思路。

（二）金属膜

金属膜是以金属或合金为主要原料制备而成的一类致密膜材料。金属膜具有优异的导电性、导热性和机械强度，在气体分离、膜反应器、燃料电池等领域有独特的应用优势。常见的金属膜材料包括钯膜、银膜、复合金属膜等，其中钯膜在氢气分离纯化领域应用最为广泛。

1. 钯膜

钯膜是以钯及其合金为主要原料制备而成的一类致密金属膜。钯具有独特的选择透

过性，在高温条件下对氢气具有极高的渗透性和选择性，而对其他气体如氮气、一氧化碳等的渗透性很低。利用这一特性，钯膜可实现氢气与其他气体的高效分离，氢气纯度可达99.9999%以上。钯膜的分离机理主要基于溶解—扩散模型，包括氢气分子在钯膜表面的解离吸附、氢原子在钯晶格中的扩散、氢原子在渗透侧的复合脱附等过程。影响钯膜分离性能的因素主要包括温度、压力、膜厚度、合金组分等。

钯膜在氢气提纯、膜反应器等领域有重要应用。在氢气提纯领域，钯膜可用于石化行业副产氢的回收利用，以及煤气化、生物质气化等过程中氢气的原位分离。相比于变压吸附法（PSA）等传统工艺，钯膜法具有设备紧凑、操作灵活、产品纯度高等优点。在膜反应器领域，钯膜可用于脱氢反应、加氢反应等工艺过程，利用原位分离效应克服反应平衡限制，显著提高反应转化率和选择性。例如，在烷烃脱氢制烯烃、氨分解制氢等过程中，钯膜反应器可实现原料转化率大幅提升和能耗成本显著降低。

2. 复合金属膜

为进一步提高金属膜的分离性能和使用寿命，复合金属膜成为一个重要的研究方向。复合金属膜是在多孔陶瓷载体上负载金属活性层而制得的一类复合膜材料，兼具金属的高选择透过性和陶瓷载体的高机械强度。陶瓷载体通常采用氧化铝、氧化锆等耐高温材料制备而成，孔径分布均匀，孔隙率适中。金属活性层的制备方法包括化学镀、物理气相沉积、溅射、电镀等，通过调控沉积条件可获得致密、无缺陷的金属膜层。

复合钯膜是应用最广泛的一类复合金属膜。以多孔氧化铝、多孔不锈钢为载体，利用化学镀等方法在载体表面沉积一层致密的钯膜，可获得兼具高氢渗透性和高机械强度的复合钯膜。与纯钯膜相比，复合钯膜具有显著的优势：一是大大减少了钯的用量，降低了制备成本；二是有效抑制了钯层的形变、开裂等失效问题，延长了膜的使用寿命；三是便于膜组件的装配和密封，提高了工程应用的可行性。目前，复合钯膜已在小规模氢气纯化装置中得到应用，并在膜反应器领域展现出巨大的应用潜力。

（三）其他无机膜材料

除陶瓷膜、金属膜外，还有许多其他类型的无机膜材料，如玻璃膜、沸石分子筛膜、碳膜等，在特定领域也有重要的应用价值。

1. 玻璃膜

玻璃膜是以二氧化硅、硼酸盐等玻璃态材料为主要原料制备而成的一类膜材料。玻璃膜具有优异的化学稳定性和光学性能，在光纤通信、微流控芯片等领域有独特的应用。通过溶胶—凝胶法，可方便地在玻璃基底上制备出具有特定孔径和孔隙率的多孔玻璃膜，在气体分离、渗透蒸发等领域也有一定的应用。但玻璃膜的机械强度和韧性较差，在高压、高温等苛刻条件下的应用受到限制。

2. 沸石分子筛膜

沸石分子筛膜是以沸石分子筛为主要原料制备而成的一类多孔无机膜。沸石分子筛是一类结晶的硅铝酸盐材料，具有规则的孔道结构和均一的孔径分布，孔径尺寸为 0.3~1.3 nm，可实现气体、液体分子的精确筛分。常见的沸石分子筛膜有 A 型、X 型、Y 型、MFI 型等。沸石分子筛膜兼具沸石分子筛的吸附选择性和膜分离过程的连续性，在气体脱水、液体脱醇等领域有独特的应用优势。但沸石分子筛膜的制备工艺复杂，成本较高，且机械强度和抗污染性有待进一步提高。

3.碳膜

碳膜是以碳材料为主要原料制备而成的一类新型膜材料。碳材料具有优异的导电性、导热性和化学稳定性，种类丰富，如活性炭、炭黑、石墨烯、碳纳米管等。利用这些碳材料，可制备出结构可控、功能多样的碳膜材料，如介孔碳膜、石墨烯复合膜、碳分子筛膜等。碳膜兼具无机膜的高稳定性和高分子膜的柔韧性，在气体分离、电化学、生物医学等领域展现出广阔的应用前景。

①介孔碳膜是以介孔碳材料为原料制备而成的一类多孔碳膜。介孔碳材料具有规则的孔道结构和极高的比表面积，孔径分布集中在 $2 \sim 50$ nm。以介孔碳为膜材料，可获得兼具高渗透性和高选择性的分离膜。介孔碳膜在气体分离、催化、吸附等领域有独特的应用优势，如可用于 CO_2 / CH_4、N_2 / O_2 等气体的高效分离，以及有机物的选择性催化转化。

②石墨烯复合膜是以石墨烯及其衍生物为填料，与高分子基体复合而成的一类新型复合膜材料。石墨烯是一种单原子层的二维碳纳米材料，具有优异的力学、电学、热学性能，被誉为"超级材料"。将石墨烯引入高分子基体，可显著提高复合膜的机械强度、热稳定性和抗污染性。同时，石墨烯片层之间形成的纳米通道可实现气体、离子的高选择性传输。石墨烯复合膜在气体分离、海水淡化、燃料电池等领域极具应用潜力。

③碳分子筛膜是以无定形碳材料为原料，通过高温热解制备而成的一类新型碳膜。无定形碳材料在高温热解过程中会发生脱氢、脱官能团、芳香化等一系列反应，形成类似分子筛的微孔结构。碳分子筛膜的孔径分布极其窄，主要集中在 $0.3 \sim 0.5$ nm，接近气体分子的动力学直径，因此可实现气体分子的精确筛分。碳分子筛膜在空气分离制氧、氢气提纯等领域具有独特的应用优势。

无机膜材料种类繁多，在不同应用领域各具特色。陶瓷膜凭借其优异的热稳定性、化学稳定性和机械强度，在水处理、食品医药、气体分离等高温、强腐蚀环境下具有不可替代的地位；金属膜尤其是钯膜，以其独特的氢选择透过性，在氢能领域的地位越发突出；沸石分子筛膜、碳膜等新型无机膜凭借精准的分子筛分效应，在气体脱水、液体脱醇、烃类分离等领域不断拓展新的应用空间。

无机膜虽具诸多优异性能，但也面临一些技术瓶颈。如无机膜普遍存在制备工艺复杂、成本高等问题，限制了其大规模应用；无机膜的脆性大、韧性差，在高压差条件下容易发生破损失效，缩短了膜组件的使用寿命；无机膜表面的疏水性差，在处理含油污水时极易发生污染，需要频繁清洗再生，提高了运行成本。因此，未来无机膜的研究重点应着眼于新材料、新工艺的开发，通过设计新型膜材料体系，优化膜制备工艺路线，开发膜表面改性、膜与载体集成等关键技术，进一步提升无机膜的综合性能，拓宽其应用领域，降低制造成本，最终实现无机膜的规模化应用。同时，加强产学研用的密切合作，积极探索无机膜在不同行业的应用模式和商业模式，建立完善的产业链和创新链，也是推动无机膜技术发展的重要举措。

总的来说，作为膜材料领域的重要分支，无机膜凭借其独特的优势和广阔的应用前景，必将在膜科学技术的发展进程中扮演越来越重要的角色。随着无机膜基础研究的不断深入和应用技术的持续创新，无机膜有望在新能源、节能环保、清洁生产等战略性新兴领域取得更大的突破，为人类社会的可持续发展贡献更大的力量。

二、有机膜材料

有机膜材料是由有机高分子化合物制成的一类膜材料，具有分子结构可设计、制备工艺简单、机械性能优异等特点，在膜分离技术领域占据主导地位。按照材料结构特征，有机膜材料可分为致密膜和多孔膜两大类；按照化学组成，有机膜材料可分为醋酸纤维素、聚砜、聚酰胺、聚烯烃等多种类型。本部分将重点介绍几类典型的有机膜材料，阐述其化学结构、性能特点以及在膜分离过程中的应用。

（一）醋酸纤维素膜

醋酸纤维素（CA）是最早应用于膜分离领域的一类有机膜材料。CA是由天然纤维素经乙酰化反应制得的一种半合成高分子材料，具有良好的成膜性、力学性能和化学稳定性。CA膜可通过相转化法、溶液浇铸法等多种方法制备，通过调控制备工艺参数，可获得不同结构和性能的CA膜材料。

1.CA反渗透膜

20世纪60年代，勒布（Loeb）和索拉里（Sourirajan）发明了非对称结构CA反渗透膜，开创了现代膜分离技术的新纪元。这类CA膜由致密的活性层和多孔的支撑层构成，活性层厚度为$0.1 \sim 1 \mu m$，孔径小于$1 nm$，对无机盐、有机小分子等溶质具有很高的截留率；而支撑层厚度为$50 \sim 200 \mu m$，孔径为$0.1 \sim 1 \mu m$，起到机械支撑和降低传质阻力的作用。非对称结构赋予了CA反渗透膜优异的分离性能和水通量，是实现反渗透海水淡化、苦咸水淡化的关键。

CA反渗透膜在海水淡化领域得到了广泛应用。20世纪70年代，美国、日本、沙特阿拉伯等国家相继建成了大型CA反渗透海水淡化装置，日产淡水量达到万吨级别。CA反渗透膜凭借其高脱盐率（$> 99\%$）、低能耗（$< 5 kW \cdot h / m^3$）等优势，迅速成为海水淡化的主流技术。然而，CA反渗透膜也存在一些不足之处，如使用环境pH范围窄（$4 \sim 6$）、使用环境温度低（$< 35 ℃$）、抗污染能力差等，限制了其在更苛刻条件下的应用。

2.CA纳滤膜

CA纳滤膜是在CA反渗透膜的基础上发展起来的一类新型分离膜。相比CA反渗透膜，CA纳滤膜的活性层孔径略大（$0.5 \sim 2 nm$），因此对二价离子和有机小分子具有一定的截留作用，而对一价离子的截留率较低。这种独特的分离性能使CA纳滤膜在苦咸水软化、染料脱盐、抗生素浓缩等领域得到广泛应用。

CA纳滤膜在水处理领域展现出独特的技术优势。以苦咸水软化为例，淡化后的水中仍含有一定量的一价离子（如 Na^+、Cl^- 等），有利于保持水的矿物质平衡，改善水质口感；而二价离子（如 Ca^{2+}、Mg^{2+} 等）的去除率可达80%以上，显著降低了水的硬度。与传统的离子交换法相比，CA纳滤膜不需再生环节，运行更加简便，无化学品消耗，更加环保。在医药领域，CA纳滤膜可用于抗生素发酵液的纯化和浓缩，药物分子的回收率可达90%以上，大大提高了药物生产效率。

（二）聚砜类膜

聚砜（PSF）、聚醚砜（PES）、聚醚砜酮（PESK）等聚砜类高分子是一类性能优异的有机膜材料。聚砜类高分子具有优异的力学性能、热稳定性和化学稳定性，可在较宽的pH（1~13）和温度（<80℃）范围内稳定使用。同时，聚砜类高分子具有良好的成膜性和可加工性，可通过相转化法、溶液浇铸法等多种方法制备成中空纤维、平板、管式等多种形式的膜材料。

1. 聚醚砜超滤膜

聚醚砜（PES）超滤膜是应用最广泛的一类聚砜类膜材料。PES是由双酚A和4,4-二氯二苯砜缩聚而成的一种非晶态高分子，具有优异的抗氧化性、耐热性和耐化学性。PES超滤膜通常采用非溶剂诱导相分离法（NIPS）制备，通过调控制备工艺参数，可获得不同截留分子量（MWCO）的PES超滤膜，MWCO范围可覆盖10~150 kDa。PES超滤膜对蛋白质、多糖、病毒等大分子物质具有高截留率（>90%），而对无机盐、小分子有机物等基本不截留。

PES超滤膜在水处理、食品加工、生物医药等领域得到了广泛应用。在水处理领域，PES超滤膜可用于地表水、市政污水的深度处理，去除水中的悬浮物、胶体、细菌、病毒等杂质，作为反渗透、纳滤的预处理装置，延长膜的使用寿命。在食品加工领域，PES超滤膜可用于果汁澄清、酒类除菌、植物蛋白提取等工艺，实现产品的澄清纯化和营养强化。在生物医药领域，PES超滤膜可用于疫苗纯化、血液透析、大分子药物浓缩等环节，具有无热源、低变性、易灭菌等优点。

2. 聚醚砜中空纤维微滤膜

聚醚砜中空纤维微滤膜是近年来发展起来的一类高性能膜材料。这类膜以聚醚砜为基材，以中空纤维形式制备而成，具有高通量、低能耗、抗污染等优点。PES中空纤维微滤膜的内径通常为0.5~2.0 mm，壁厚为0.1~0.3 mm，孔径为0.1~0.2 μm，孔隙率高达70%以上。PES中空纤维微滤膜对悬浮物、细菌、油滴等杂质具有良好的截留性能，在饮用水生产、废水处理、油水分离等领域具有广阔的应用前景。

PES中空纤维微滤膜在饮用水生产领域展现出独特的技术优势。传统的饮用水处理工艺往往需要混凝、沉淀、砂滤、消毒等多道工序，工艺流程长，投资运行成本高。采用PES中空纤维微滤膜，可大大简化处理流程，实现对原水中悬浮物、细菌、藻类等杂质的一步去除，出水浊度可低至0.1 NTU以下，满足饮用水标准。与传统工艺相比，PES中空纤维微滤膜具有占地面积小、运行成本低、水质稳定等优势，代表了饮用水处理技术的发展方向。

（三）聚酰胺类膜

聚酰胺（PA）是由二元胺和二元酸缩聚而成的一类高性能有机膜材料。PA膜具有优异的力学性能、热稳定性和化学稳定性，特别是芳香族PA膜，凭借其刚性主链结构和强极性基团，在反渗透海水淡化、纳滤脱盐等领域展现出无可比拟的优势。PA膜通常采用界面聚合法制备，通过在多孔支撑体表面进行芳香族二胺和芳香族酰氯的低温缩聚反应，可获得兼具高通量和高选择性的超薄PA活性层。

1.全芳型PA复合反渗透膜

全芳型PA复合反渗透膜是目前海水淡化领域的主流膜材料。这类膜由聚砜、聚醚砜等超滤支撑膜和芳香族PA活性层复合而成，活性层的厚度通常为100~200 nm，由间苯二胺和三聚氰氯通过界面聚合形成交联网状结构。全芳型PA复合反渗透膜综合了全芳型PA的优异分离性能和复合结构的高通量特性，在海水淡化领域得到了广泛应用。

与传统的CA反渗透膜相比，全芳型PA复合反渗透膜具有明显的优势：其一，PA活性层的化学稳定性更高，可在pH 4~11范围内稳定运行，耐氯性可达1000 ppm·h以上；其二，PA活性层的耐压性更强，操作压力可高达6~8 MPa，因此可采用更高的回收率，减少浓水排放；其三，PA活性层的水通量更高，在相同操作压力下，其水通量可达CA膜的2~3倍。凭借这些优异性能，全芳型PA复合反渗透膜迅速取代CA膜，成为海水淡化的主流技术。目前，全球海水淡化装机规模已超过1亿m³/d，其中大部分采用该类膜材料。

2.半芳型PA纳滤膜

半芳型PA纳滤膜是在全芳型PA复合反渗透膜的基础上发展起来的一类新型分离膜。与全芳型PA相比，半芳型PA采用脂肪族二胺与芳香族酰氯缩聚而成，活性层中亲水基团含量更高，因此对水和离子具有更高的渗透性。同时，半芳型PA纳滤膜的MWCO可调，对二价离子和有机小分子具有一定的截留作用。半芳型PA纳滤膜在苦咸水淡化、染料脱盐、药物纯化等领域展现出独特的应用优势。

半芳型PA纳滤膜在染料脱盐领域得到了广泛应用。印染废水中含有大量的无机盐和未固着的染料分子，直接排放会对环境造成严重污染。采用半芳型PA纳滤膜，可在较低压力下实现染料和无机盐的同时脱除，脱盐率可达90%以上，而染料分子的截留率高达99%以上。与传统的絮凝、吸附等工艺相比，半芳型PA纳滤膜不仅可实现染料的回收利用，还可将脱盐水重新用于印染生产，实现废水的零排放和资源化利用。

（四）其他新型有机膜

除上述经典膜材料外，还有许多新型有机膜材料不断涌现，为膜分离技术的发展注入了新的活力。这些新型膜材料通过引入特殊的化学结构或复合其他功能材料，在分离性能、化学稳定性、抗污染性等方面实现了新的突破。

1.共混改性膜材料

该膜材料是将两种或多种高分子材料共混制膜的一类复合膜材料。通过共混可发挥不同材料的协同作用，获得兼具高通量和高选择性的复合膜。例如，将亲水性聚偏二氟乙烯（PVDF）与疏水性聚四氟乙烯（PTFE）共混，可制备出兼具高通量和抗污染性的改性PVDF中空纤维膜，在膜生物反应器（MBR）领域得到广泛应用。又如，将PES与聚乙烯吡咯烷酮（PVP）共混，可提高PES膜的亲水性和通量，改善其抗污染性能。

2. 嵌段共聚物膜材料

该膜材料是由两种或多种不同性质的高分子链段构成的一类新型膜材料。通过调控链段的化学组成、链长、嵌段比例等，可精细调控膜的微观结构和分离性能。如采用亲水性聚氧化乙烯（PEO）和疏水性聚对苯二甲酸丁二酯（PBT）嵌段共聚，可制备出兼具高选择性和高通量的正渗透（FO）膜，在海水淡化、废水处理等领域极具应用潜力。又如采用PVDF和PTFE嵌段共聚，可获得兼具高疏水性和高通量的膜蒸馏（MD）膜，在高盐废水零排放领域展现出独特优势。

3. 混合基质膜材料（mixed matrix membrane，MMM）

该膜材料是将无机填料分散到有机高分子基体中形成的一类新型复合膜材料。通过在高分子基体中引入无机纳米材料（如沸石、金属有机框架、碳纳米管等），可显著提高膜的分离性能和化学稳定性。如将SAPO-34分子筛引入聚砜基体，可大幅提高复合膜对CO_2/CH_4的分离选择性，在天然气净化领域极具应用前景。又如将UiO-66型金属有机框架引入聚乙烯吡咯烷酮基体，可赋予复合膜良好的抗污染性和较高的水通量，在废水处理领域展现出独特优势。

4. 生物功能膜材料

该膜材料是近年来发展起来的一类新型膜材料，通过在高分子膜表面接枝或嵌入生物功能基团（如酶、抗体、核酸适配体等），赋予膜材料独特的生物催化、分子识别等功能。例如，在PVDF膜表面接枝葡萄糖氧化酶，可制备出对葡萄糖具有高灵敏度和高选择性的电化学生物传感器，在生物医学领域具有广阔的应用前景。又如，在PSF膜表面修饰抗体分子，可实现对特定病原体、毒素的高选择性捕获和检测，在食品安全、公共卫生等领域极具应用潜力。

有机膜材料种类繁多，各具特色。传统的醋酸纤维素膜、聚砜类膜、聚酰胺类膜在海水淡化、微滤超滤、气体分离等领域已得到了广泛应用，在膜分离技术的发展历程中发挥了不可替代的作用。新型有机膜材料如共混改性膜、嵌段共聚物膜、混合基质膜、生物功能膜等代表了膜材料发展的新方向，通过材料结构设计和复合改性，不断拓展和优化膜材料的分离性能，为膜分离技术的创新发展注入了新的活力。

与无机膜材料相比，有机膜材料普遍存在耐温性差、耐溶剂性差等缺陷，在某些苛刻工况条件下的应用受到限制。此外，有机膜材料的老化降解问题也是制约其长期稳定运行的重要因素。为了进一步提升有机膜材料的综合性能，未来有机膜材料的研究重点应着眼于分子设计与高分子改性，通过引入新型功能基团、构建新型高分子链结构、优化材料复合方式等，不断提高膜材料的耐热性、耐化学性和抗老化性。同时，加强有机—无机杂化膜材料的研究，充分发挥有机和无机材料的各自优势，开发兼具高分离性能和高稳定性的新型杂化膜材料，也是推动膜材料技术进步的重要路径。

从应用角度看，医药食品、环境处理、能源化工等领域对高性能分离膜的需求持续增长，这既为有机膜材料的应用拓展提供了广阔的市场空间，也对膜材料的性能提出了更高的要求。因此，在新型有机膜材料的开发过程中，必须立足于应用需求，充分考虑工程放大、成本控制、工艺匹配等因素，加强产学研用合作，促进科研成果向生产力快速转化，提升我国膜材料的产业化水平和国际竞争力。

总之，有机膜材料是膜分离技术的物质基础，其创新发展既是科学问题，也是工程问题，还是产业问题。只有坚持基础研究、应用开发、产业转化"三位一体"，协同推进材料、膜组件、膜设备、膜工程"全链条"发展，有机膜材料的优势才能充分发挥，膜分离技术的应用空间才能不断拓展。在新材料、新技术、新需求的多重驱动下，有机膜材料必将迎来更加广阔的发展前景，成为分离技术领域的中流砥柱，为资源高效利用、生态环境保护、人类健康安全等领域做出更大贡献。

三、复合材料膜

复合材料膜是将两种或多种不同性质的材料复合而成的一类新型膜材料。通过物理复合或化学键合的方式，有机—有机、有机—无机材料可以在分子或纳米尺度上实现优势互补，从而获得兼具高分离性能和高稳定性的复合膜材料。与传统的单一材料膜相比，复合材料膜在结构设计和性能调控方面具有更大的灵活性，代表了当前膜材料研究的前沿方向。本部分将重点介绍几类典型的复合材料膜，阐述其结构特点、制备方法及其在膜分离过程中的应用。

（一）有机—有机复合膜

有机—有机复合膜是由两种或多种高分子材料通过物理共混或化学接枝的方式复合而成的一类复合膜材料。通过合理选择高分子组分的种类、比例和复合方式，可以发挥不同材料的协同作用，获得兼具高通量、高选择性和高稳定性的复合膜。

1. 共混改性复合膜

共混改性是制备有机—有机复合膜的一种简单有效的方法。通过将两种或多种高分子材料溶解在共同溶剂中，经过浇铸、相转化等过程，可以获得高分子链段均匀分散的共混复合膜。共混复合可以发挥不同高分子材料的协同作用，改善膜的亲水性、机械性能、抗污染性等。如将亲水性聚乙烯吡咯烷酮（PVP）与疏水性聚偏氟乙烯（PVDF）共混，可制备出兼具高通量和高抗污染性的中空纤维超滤膜，在膜生物反应器（MBR）等水处理领域得到广泛应用。又如将刚性的聚砜（PSF）与柔性的聚醚砜（PES）共混，可显著提高复合膜的韧性和抗压性能，拓展其在高压纳滤、反渗透等领域的应用。

共混改性虽然操作简单，但仍面临一些挑战。一是共混体系的热力学相容性问题，不同高分子材料的亲/疏水性、极性、结晶性等差异可能导致相分离，难以获得均相共混膜。二是共混过程中小分子组分的流失问题，如PVP等亲水性添加剂在制膜过程中容易溶出，导致改性效果不理想。因此，共混改性复合膜的制备需要针对体系的特点，合理选择高分子组分和添加剂种类，优化制膜工艺参数，必要时需采用交联、接枝等方法对共混膜进行固定化处理，以提高其性能的稳定性。

2. 嵌段共聚物复合膜

嵌段共聚物是由两种或多种不同性质的高分子链段通过化学键连接而成的一类新型高分子材料。与共混改性相比，嵌段共聚物可以实现分子水平上的复合，复合膜的微观结构和性能可控性更强。通过调控链段的化学组成、链长、嵌段比例等，可以精细调控复合膜的亲/疏水性、孔隙率、力学性能等。

以嵌段共聚物聚醚-b-聚酰胺（PEBA）为例，其由亲水性聚醚（PE）软段和疏水性聚酰胺（PA）硬段构成。通过调控PE软段的种类[如聚氧化乙烯（PEO）、聚四氢呋喃二醇（PTMG）等]、链长及PE/PA比例，可制备出一系列结构可控的嵌段共聚物PEBA。基于PEBA的复合膜具有独特的微相分离结构，亲水性PE段富集在膜表面和孔道内壁，形成连续的亲水通道；而疏水性PA段富集在膜基体中，构建了膜的骨架结构。这种亲/疏水微区的形成赋予了PEBA复合膜优异的渗透性和选择性。例如，PEBA 2533复合膜在CO_2/N_2分离中展现出了超越Robeson上限的分离性能，有望用于烟道气CO_2捕集等领域。

类似地，采用两亲性嵌段共聚物聚醚砜-b-聚乙二醇（PES-b-PEG）也可制备出高性能的复合膜。亲水性PEG链段可自发迁移富集在膜表面，形成稳定的亲水涂层，从而赋予复合膜优异的亲水性和抗污染性；而疏水性PES链段构建了复合膜的多孔支撑层，保证了膜的机械强度和结构稳定性。与常规PES膜相比，PES-b-PEG复合膜的水通量可提高2~3倍，且表面亲水性和抗蛋白污染性能显著改善，在医药生物分离等领域极具应用前景。

（二）有机—无机复合膜

有机—无机复合膜是将无机材料引入有机高分子基体形成的一类新型复合膜。通过在分子或纳米尺度上实现有机和无机组分的复合，可以发挥两类材料的协同增效作用，获得兼具高分离性能和高稳定性的复合膜材料。根据无机组分的形貌特征，有机—无机复合膜可进一步分为无机纳米粒子填充复合膜、无机纳米管/棒增强复合膜、无机纳米片层复合膜等不同类型。

1. 无机纳米粒子填充复合膜

无机纳米粒子填充是制备有机—无机复合膜的一种常用方法。通过在高分子基体中引入金属氧化物、沸石分子筛、碳纳米材料等无机纳米粒子，可以显著改善复合膜的力学性能、热稳定性、化学稳定性等，同时引入额外的分离机制，提高复合膜的选择性。如在聚醚砜（PES）基体中添加TiO_2纳米粒子，可制备出兼具高通量和高抗污染性的复合超滤膜。TiO_2纳米粒子不仅能增强PES基体的亲水性，还能通过光催化作用降解膜表面的有机污染物，从而赋予复合膜优异的抗污染性能，在地表水、污水处理等领域具有广阔的应用前景。

类似地，在聚酰亚胺（PI）基体中引入SAPO-34分子筛也可制备出高性能气体分离膜。SAPO-34分子筛具有规则的孔道结构和高CO_2/CH_4选择性，可为气体分子提供额外的吸附和筛分作用。PI/SAPO-34复合膜的CO_2渗透性是纯PI膜的3～5倍，且CO_2/CH_4选择性可超过100，在天然气甜化、煤层气净化等领域极具应用潜力。此外，在聚醚酰亚胺（PEI）基体中添加石墨烯也可显著改善复合膜的CO_2/CH_4分离性能。石墨烯独特的二维片层结构可在PEI基体中形成"迷宫式"的扩散通道，提高气体分子的扩散选择性。

无机纳米粒子填充虽然可以显著改善复合膜的分离性能，但仍面临一些挑战。一是无机粒子与高分子基体间的相容性问题，由于两相间能量差异和化学性质差异，无机粒子易发生团聚，难以实现均匀分散。二是无机粒子填充量的限制问题，过高的填充量易导致无机粒子发生团聚、高分子基体结构塌陷，进而导致复合膜力学性能下降。因此，制备高性能无机粒子填充复合膜需要针对体系特点，合理选择无机粒子的种类、尺寸、表面修饰，优化高分子基体的结构，调控制备工艺参数，必要时需采用原位合成、溶胶—凝胶等方法提高无机粒子的分散性和与基体的相容性。

2. 无机纳米管/棒增强复合膜

无机纳米管/棒增强是制备有机—无机复合膜的另一种重要方法。与球形纳米粒子相比，纳米管/棒具有超高的长径比和独特的一维形貌，因此对高分子基体具有更强的增强作用。通过在高分子膜中引入碳纳米管（CNT）、硅酸铝纳米管等无机纳米管/棒，可以显著提高复合膜的力学强度、热稳定性等，同时引入定向传质通道，提高复合膜的渗透性。

以聚酰胺/碳纳米管（PA/CNT）复合膜为例，CNT独特的管状结构可在PA基体中形成定向排列的纳米通道，从而大幅提升水分子的定向传输能力。研究表明，加入质量分数1%的CNT，PA复合反渗透膜的水通量可提高30%～40%，且氯耐受性和抗压性能显著提高。类似地，采用硅酸铝纳米管也可制备出高通量、高选择性的PA纳滤复合膜。硅酸铝纳米管不仅能增强PA膜的力学性能和热稳定性，还能通过静电吸附作用提高对二价阳离子的截留率，在重金属离子去除等领域极具应用前景。

3. 无机纳米片层复合膜

无机纳米片层复合膜是近年来发展起来的一类新型有机—无机复合膜。通过在高分子基体中引入无机纳米片（如黏土、石墨烯、过渡金属硫族化合物等），利用其独特的二维层状结构，可以显著改善复合膜的物理化学性能。无机纳米片不仅可以显著增强高分子基体的力学性能，还能通过片层的理想取向形成"迷宫式"的扩散通道，提高复合膜的选择渗透性。

以高分子/蒙脱石（MMT）纳米复合膜为例，蒙脱石是一种含水铝硅酸盐黏土，由纳米级厚度的硅氧四面体/铝氧八面体纳米片层堆垛而成。通过插层聚合、溶胶—凝胶等方法可将蒙脱石纳米片均匀分散在高分子基体中，并诱导片层沿膜表面取向排列。片层取向排列一方面增加了气体分子的扩散路径，提高了扩散选择性；另一方面，片层间的纳米限域空间可作为气体分子定向传输的快速通道，提高了气体渗透性。研究表明，加入体积分数5%的蒙脱石，聚酰亚胺复合膜的CO_2渗透性可提高50%以上，CO_2/CH_4选择性可超过100。

类似地，采用石墨烯、二硫化钼等新型二维纳米材料也可制备出高性能分离膜。石墨烯是由碳原子紧密堆积形成的单原子层二维晶体，具有超高的比表面积和优异的力学性能。将经表面修饰的石墨烯引入聚酰胺基体，可大幅提高复合反渗透膜的水通量和抗污染性能。二硫化钼纳米片具有独特的光热转换性能，可通过光照诱导产生局部热梯度，从而实现光驱动的定向液体传输。将二硫化钼纳米片引入聚多巴胺基体，可制备出兼具高通量和高选择性的光响应渗透蒸发膜，在太阳能海水淡化等领域极具应用前景。

（三）仿生复合膜

仿生复合膜是近年来发展起来的一类新型复合膜材料，通过模仿自然界生物膜的精密结构和高效功能，可制备出兼具高通量、高选择性和多功能特性的复合膜。自然界生物膜经过亿万年进化形成了精密的多级结构和多重功能，如水通道蛋白（AQP）实现了高通量、高选择性的跨膜水传输；细胞膜上的离子通道实现了高效、可控的跨膜离子传输。通过模仿这些精密结构，利用现代材料工程技术，可开发出兼具天然生物膜优异性能和人工合成膜高稳定性的新型仿生复合膜。

1. 仿生水通道复合膜

仿生水通道复合膜是通过在高分子膜上构建类AQP的纳米水通道实现高通量、高选择性水传输的一类新型复合膜。AQP是一类高度保守的跨膜蛋白，广泛分布于动植物细胞膜上，在细胞的水平衡调节中发挥关键作用。AQP具有独特的沙漏型三维结构，中心孔道直径仅为0.28 nm，与水分子大小相当。疏水性孔道壁和高度保守的氨基酸基序使水分子可快速单链传输，而离子、质子等杂质被有效阻挡，从而实现了高通量、高选择性的跨膜水传输。

受AQP结构和功能的启发，研究人员通过仿生设计开发出了多种高性能水通道复合膜。一种策略是直接利用基因工程技术重组表达AQP，并将其嵌入高分子支撑膜上，制备AQP仿生复合膜。嵌入AQP的脂类体复合膜的水通量可达到商业反渗透膜的数倍，而对无机盐、有机小分子等杂质的截留率与反渗透膜相当。另一种策略是采用分子印迹、嵌段共聚等技术，利用人工合成材料在高分子膜上构建类AQP的纳米水通道。如采用嵌段共聚物PEO-b-PSF构建的仿生水通道复合膜，其水通量可达15000 L/（m²·h·bar），是商业反渗透膜的200倍，而NaCl截留率仍可达95%以上。这些仿生水通道复合膜在海水淡化、废水处理等领域展现出了诱人的应用前景。

2. 仿生离子通道复合膜

仿生离子通道复合膜是通过在高分子膜上构建类似天然离子通道的纳米孔道，实现高效、可控跨膜离子传输的一类新型复合膜。细胞膜上分布着各类天然离子通道蛋白，在神经信号传导、细胞间通信等过程中发挥关键作用。这些离子通道具有极高的离子选择性和跨膜传输速率，且能够通过电压、配体等信号实现动态调控。例如，钾离子通道的K^+/Na^+选择性可高达1000：1，且在毫秒级时间内可实现快速开关。

受天然离子通道的启发，研究人员开发出了多种仿生离子通道复合膜。一种策略是采用冠醚等超分子结构，通过主客体识别作用在高分子膜上构建类钾离子通道。这些人工合成的仿生离子通道对K^+具有高选择性，与天然离子通道具有相似的门控特性。另一种策略是在高分子膜上嵌入短杆菌肽A、丙甲菌素等短肽类离子载体，利用短肽分子的螺旋折叠和聚集诱导产生纳米级离子通道。这些仿生离子通道复合膜的K^+/Na^+选择性可高达100以上，且离子通量可达到普通高分子膜的数十倍。仿生离子通道复合膜有望在神经信号检测、药物递送等领域得到广泛应用。

3. 仿生光合膜

仿生光合膜是一类集成了天然光合作用系统精密结构和高效功能的新型复合膜，可实现光能的高效吸收转化和物质的定向跨膜传输。自然界植物和光合细菌经过亿万年进化形成了精密高效的光合作用系统，通过光合色素的梯度排布和电子传递链的精确耦合，可实现近乎100%的光能吸收和40%以上的光电转化效率，远超目前人工合成的光伏器件。同时，类囊体膜上的CO_2浓缩机制可将CO_2浓度提高至大气浓度的100倍以上，从而克服了CO_2在液相中溶解度低、扩散慢的限制，实现了高效的CO_2跨膜传递。

受天然光合作用系统的启发，研究人员通过仿生设计开发出了多种光合膜。一种策略是采用脂质体融合技术，将经分离纯化的光合色素—蛋白复合物（如LHCII、PSI等）重组并插入脂类支撑膜上，制备类囊体膜的仿生光合膜。这种方法虽然能最大限度地模拟天然光合膜，但存在光合色素—蛋白复合物提取纯化难度大、重组过程复杂等问题。另一种策略是采用人工合成的光敏材料（如卟啉、酞菁）修饰高分子支撑膜，通过分子设计和界面组装技术构建类似光合色素的能量传递体系。这种半人工合成策略虽然难以完全模拟天然光合色素的精密排布，但在材料来源、制备工艺等方面具有显著优势。此外，一些研究还将光合微生物（如蓝藻、紫色光合细菌等）直接固定在高分子膜表面，利用微生物的完整光合作用系统实现光能转化和CO_2还原。这种生物膜反应器策略虽然能有效利用微生物的多酶级联催化体系，但微生物在膜表面的长期稳定性仍是一大挑战。

仿生光合膜代表了当前膜材料研究的一个重要方向。通过解析自然界生物膜的精密结构，模拟其高效传输、选择分离、能量转换等功能，利用现代材料工程技术予以再现和拓展，可开发出兼具高性能和多功能的新一代仿生膜材料。仿生光合膜有望在水处理、能源转换、物质分离等诸多领域实现革命性突破，为人类社会的可持续发展做出重要贡献。当然，仿生光合膜的研究仍面临诸多挑战，如仿生材料的精准合成、仿生结构的多级构筑、功能的多尺度耦合等，还需要生命科学、材料科学、膜科学等多学科的交叉融合和协同创新。

总之，复合膜材料通过跨尺度、跨界面的结构设计和功能整合，不断突破传统单一材料的性能极限，代表了当前膜材料研究的前沿和未来。纳米复合、仿生模拟、多功能耦合已成为复合膜材料创新发展的主要特征。随着基础研究的不断深入和应用技术的持续创新，复合膜材料必将在新能源、节能环保、清洁生产、生命健康等诸多领域得到广泛应用，成为21世纪最具发展潜力的材料技术之一。

四、膜性能要求概览

膜材料作为一种功能材料，其性能的优劣直接决定了膜分离过程的效率和经济性。因此，对膜材料性能的准确表征和优化设计是膜科学技术领域的核心内容之一。膜材料的性能评价需要从分离性能、物化性能、加工性能等多方面进行，既要考虑静态指标，也要考虑动态特性；既要关注宏观性能，也要关注微观结构；既要满足工程应用的需求，也要兼顾经济成本的要求。本部分将从分离性能、化学稳定性、机械强度、表面特性等关键性能入手，系统阐述膜材料的性能要求，以期为膜材料的优化设计和工程应用奠定基础。

（一）分离性能

分离性能是评价膜材料性能的最核心指标，直接决定了膜分离过程的效率和经济性。根据膜分离过程的类型和分离机理的不同，膜材料的分离性能可从截留率、渗透通量、选择性等方面进行表征。

1. 截留率

截留率是表征膜对目标物质的去除能力的一个重要指标，定义为进料侧和透过侧目标物质浓度之差与进料侧浓度之比。影响膜截留性能的因素主要包括膜孔径大小、孔径分布、膜的疏水亲水性等。通常，对于固定的膜孔径，随着进料溶液中目标物质分子量的增大，膜的截留率呈 S 形曲线变化。临界截留分子量是评价不同膜截留性能的一个重要参数，定义为截留率为 90% 时溶质的分子量。超滤膜的截留分子量一般在 $10^3 \sim 10^5$ Da，主要应用于大分子溶液、胶体、细菌等的分离；而纳滤膜的截留分子量为 $10^2 \sim 10^3$ Da，可截留二价离子和小分子有机物，在药物分离、水软化等领域有重要应用。

除了膜孔径大小，膜表面和内部的疏水亲水性也会显著影响其截留性能。一般来说，疏水性膜材料对非极性溶质分子具有更强的吸附倾向，而亲水性膜材料易吸附极性基团或带电荷的溶质分子，从而影响溶质在膜内部的浓差分布和传质行为。因此，表面接枝亲水性高分子链、引入亲水性无机纳米粒子等手段可以有效提高膜对亲水性溶质的截留能力。

此外，操作压力、温度、pH、溶液组成等环境因素也会影响膜的截留性能。通常，随着操作压力的升高，膜表面的浓差极化现象加剧，有效截留率下降；而温度升高会增加膜链段的热运动，导致膜基体结构松弛，孔径增大，从而降低截留率。因此，截留率的测试需要严格控制操作条件，必要时需要对膜样品进行预压实处理，以消除环境因素的影响。

2. 渗透通量

渗透通量是表征膜生产能力的一个重要指标，定义为单位时间、单位膜面积上透过的溶剂体积。影响膜渗透通量的因素主要包括膜的孔隙率、孔径分布、厚度、表面亲/疏水性等。通常，孔隙率越高、孔径分布越宽、膜厚度越薄，其渗透通量越大，但同时也可能带来截留率下降、机械强度不足等问题。因此，膜材料的制备需要在高通量和高选择性之间进行平衡。

膜表面的亲/疏水性对渗透通量也有显著影响。疏水性膜表面易吸附溶液中的非极性分子，导致膜污染加剧，渗透通量下降；而亲水性膜表面可形成水合层，减少膜污染，保持较高的渗透通量。因此，对疏水性膜材料进行亲水化改性是提高膜通量的重要手段。如在 PVDF、PP 等疏水性高分子膜表面接枝 PEG 等亲水性高分子链，或在其中添加 SiO_2、TiO_2 等亲水性无机粒子，可显著提高膜的表面自由能，改善其抗污染性能和渗透通量。

此外，操作压力对渗透通量有直接影响。压力是渗透过程的推动力，压力越高，渗透通量越大。但过高的操作压力也可能导致膜结构压实变形，孔隙率下降，从而使渗透通量下降。温度对渗透通量也有一定影响，温度升高虽然会提高水的运动黏度，降低传质阻力，但也会加剧浓差极化现象，使有效推动压力下降。因此，渗透通量的测试需要优化操作压力和温度等条件，以获得膜材料的最佳渗透性能。

渗透通量与膜通量密切相关，但两者并不完全等同。膜通量是在给定操作条件下的实际透过量，除了取决于膜本身的渗透特性外，还与操作压力、温度、料液浓度、流体流动状态等因素有关。实际应用中，可采用提高操作压力、优化膜组件流道设计、引入湍流促进装置等手段强化传质过程，在保证膜性能的前提下最大限度地提高膜通量。

3. 选择性

选择性是表征膜对不同溶质分离能力的一个重要指标，可分为渗透选择性和吸附选择性。渗透选择性是指不同溶质透过膜的速率之比，主要取决于膜对溶质的截留特性和溶质自身的扩散特性。对于致密高分子膜，溶质在膜中的扩散系数差异是影响渗透选择性的主要因素，扩散系数的大小与溶质分子的尺寸、形状、极性等特性密切相关。通过分子印迹、嵌入高选择性载体等方法，可以显著提高高分子膜对特定溶质的识别能力和渗透选择性。对于无机微孔膜，孔径尺寸与溶质分子直径的匹配程度是决定渗透选择性的关键因素。精确调控无机膜的孔径大小、孔径均一性，对实现高渗透选择性至关重要。如分子筛碳膜的孔径主要集中在 $0.3 \sim 0.5\ nm$，与 CO_2 分子动力学直径相近，因此在 CO_2/N_2、CO_2/CH_4 等气体分离中表现出优异的渗透选择性。

吸附选择性是指膜对不同溶质的吸附能力差异，主要取决于膜与溶质分子间的相互作用力。通过在膜表面引入与目标溶质亲和力强的官能团，利用氢键、静电、疏水、配位等多种作用机制，可以显著提高膜对特定溶质的吸附容量和吸附选择性。如将 β-环糊精接枝到聚丙烯腈（PAN）膜表面，利用其疏水空腔与芳香族化合物间的包合作用，可实现对水中微量苯酚等污染物的选择性吸附富集；又如在壳聚糖膜上修饰金属螯合基团，利用重金属离子与螯合基团间的配位作用，可高选择性地富集水中的铜、镉、铅等重金属污染物。吸附选择性与渗透选择性相结合，可进一步拓展膜分离的应用范围，实现痕量污染物的高效去除和资源化利用。

（二）化学稳定性

化学稳定性是保证膜材料长期使用性能的重要指标，包括耐酸碱性、耐氧化性、耐溶剂性等。不同的膜分离过程对膜材料的化学稳定性要求不同。如反渗透海水淡化过程中，进料水的pH通常为8左右，运行温度为 $25 \sim 45\ ℃$，此时对膜材料的耐碱性要求较高；而在有机溶剂纳滤过程中，进料多为非极性有机溶剂，此时对膜材料的耐溶剂性要求较高。膜材料的化学稳定性主要取决于高分子链上的化学键能、高分子的结晶度、交联度等因素。

通常，C—F键、C—Si键、Si—O键等均裂键能较高的化学键，可赋予膜材料优异的耐酸碱性和耐氧化性。含C—F键的全氟高分子如PTFE、可溶性聚四氟乙烯（PFA）、PVDF等，在强酸、强碱、强氧化性介质中均表现出良好的化学稳定性，在烟道气脱硫、放射性废液处理等领域具有独特优势。含 Si—O 键的有机硅高分子及其杂化膜，在酸、碱、有机溶剂等介质中也表现出优异的耐化学性能。C—Si 键虽然键能略低于 C—F 键，但含 Si 元素的高分子侧链柔顺性更好，因此机械性能和成膜性更优。采用硅烷偶联剂对聚醚砜、聚砜等高分子膜进行表面改性，可显著提高其耐酸碱性和抗污染性能。

高结晶度、高交联度也是影响膜化学稳定性的重要因素。高结晶度意味着高分子链构象更加规整紧密，自由体积更小，渗透性降低，对酸碱、氧化性物质的阻隔性增强。如聚酰胺类高分子的结晶度通常较高，在常见的酸、碱、氧化性物质中均具有良好的稳定性，因此被广泛应用于反渗透膜的制备。高交联度意味着高分子网络结构中交联点密度更高，膨胀度降低，溶胀性下降，在酸、碱、溶剂等介质中更加稳定。如通过戊二醛等交联剂对壳聚糖、PVA 等亲水性膜材料进行化学交联，其溶胀度和溶解度可降低 1~2 个数量级，在水、醇、酮等极性溶剂中的稳定性大幅提高。值得注意的是，过高的交联度虽然有利于提高化学稳定性，但也会导致膜脆性增加，机械强度下降。

膜在实际应用中还会受到化学清洗、消毒等处理的影响，因此耐化学清洗性能也是评价膜化学稳定性的一个重要方面。清洗过程中常用的化学试剂包括酸、碱、氧化剂、表面活性剂等，不同的清洗试剂对膜材料的化学稳定性要求不同。例如，酸洗对 PA 膜的氨盐基团有一定影响，而氧化性清洗剂如 NaClO 会导致 PA 膜发生降解和断链。因此，膜材料的耐化学清洗性需要综合考虑膜化学结构、清洗试剂种类、清洗浓度和时间等因素，必要时需对材料进行表面改性或本体改性，以提高其耐受能力。此外，在不影响膜性能的前提下，优化清洗工艺条件、开发绿色环保型清洗试剂，也是延长膜使用寿命的重要手段。

（三）机械强度

机械强度是保证膜组件制备加工和长期使用性能的重要指标。膜在实际应用中通常需要承受一定的操作压差，同时还会受到来流的冲刷和振动，因此必须具有足够的机械强度和抗冲击韧性。影响膜机械性能的因素主要包括高分子链的柔顺性、结晶度、取向度以及膜的孔隙率、厚度等。

一般来说，高分子主链或侧链的柔顺性越好，玻璃化转变温度越低，材料的韧性越好。含醚键、酯键等柔性基团的聚醚类、聚酯类高分子，通常比含酰胺键、亚砜基团的聚酰胺类、聚砜类高分子的韧性更好。但过高的柔顺性也会导致材料的屈服强度降低，模量下降。因此，高性能分离膜材料的分子设计需要在高柔韧性和高强度之间进行平衡。引入刚性杂环结构、金属离子配位等可提高主链刚性，而引入柔性醚链、长烷基链有利于提高主链柔顺性，两者合理搭配可获得兼具高强度和高韧性的膜材料。

高结晶度、高取向度也是提高膜机械强度的重要手段。高结晶度意味着分子链排列更加规整紧密，分子间作用力更强，材料的屈服强度和模量更高。如 PVDF 膜经拉伸处理后，结晶度可从 40%~50% 提高到 70%~80%，抗拉强度可提高 1 倍以上。高取向度意味着分子链沿某一优先方向排列，沿取向方向的机械性能显著增强。如经湿法拉伸处理的 PTFE 中空纤维膜，轴向取向度可高达 90% 以上，抗拉强度是未拉伸样品的 2~3 倍。此外，添加高强度无机

纳米粒子如 SiO_2、Al_2O_3 等，利用纳米增强效应，也可显著提高膜的机械强度和模量。

膜的孔隙率、孔径分布、厚度等结构参数也会显著影响其机械性能。一般来说，膜的孔隙率越高，孔径分布越宽，厚度越薄，其抗拉强度和抗冲击韧性就越差。孔隙的存在相当于在膜基体中引入了大量缺陷，在外力作用下容易诱发应力集中，导致膜断裂和撕裂。因此，高性能膜的制备需要在高通量和高机械强度之间进行平衡。采用物理拉伸、化学交联、高能辐照等方法，可在不显著降低孔隙率的情况下提高膜的机械强度。此外，对多孔膜进行柔性高分子涂覆，制备表面光滑、柔韧性好的复合膜，也是提高机械稳定性的有效途径。

膜材料还需具备一定的抗压性，以保证在实际运行中不发生塌陷变形。抗压性与膜的孔隙率、孔径分布、厚度以及材料的模量密切相关。孔隙率越低、孔径分布越窄、膜厚度越大，材料模量越高，膜的抗压性就越好。对于多孔膜，采用刚性高分子或无机材料作为支撑层，可显著提高膜的抗压强度。如 PA / PS 复合纳滤膜的 PS 支撑层厚度一般为 $100\sim200\,\mu m$，孔隙率控制在 50%～70%，可有效防止 PA 分离层在 4 MPa 以下的操作压力下发生塌陷变形。对于致密膜，高模量材料如全芳型聚酰胺、聚醚砜等是制备抗压膜的理想选择。

（四）表面特性

表面特性是影响膜分离选择性和抗污染性能的关键因素，主要包括表面化学组成、表面形貌、表面电荷、表面能等。膜表面的化学组成决定了其与溶质分子间的相互作用力类型和强弱，进而影响其对特定溶质的吸附选择性。通过表面接枝、表面涂层、共混改性等方法引入特定官能团，可显著改善膜表面的亲水性、耐污染性等。如在 PES、PVDF 等疏水膜表面接枝 PEG、PVP 等亲水性聚合物，可使膜表面的水接触角从 80° 以上降低到 50° 以下，显著提高其抗蛋白污染能力；在 PA 膜表面引入羧基、磺酸基等负电性基团，可降低其对 Ca^{2+}、Mg^{2+} 等阳离子的吸附倾向，减轻无机盐污染。

表面形貌主要包括表面粗糙度、形貌取向、微纳结构等特征参数。适度的表面粗糙度有利于增大膜的有效比表面积，减小浓差极化，提高膜通量；但过高的粗糙度也可能加剧膜污染，导致膜通量下降。因此，表面粗糙度的优化需要在高通量和低污染之间进行权衡。此外，有序排列的表面微纳结构对减缓膜污染、提高膜稳定性也有重要作用。如仿生制备出似鲨鱼皮肤般具有流线型微凸结构的膜表面，污染物不易沉积其上，易随水流冲刷去除；又如构建出似荷叶表面般的微乳突结构，疏水性污染物在其上呈准球形聚集，易滚动脱离。这些结构性防污策略为开发长效抗污染膜提供了新的思路。

表面电荷是影响膜表面与带电溶质作用的重要因素。通过调控膜表面官能团的电离度，可影响其表面电荷密度和电荷极性，进而影响其对离子、胶体等带电溶质的静电排斥作用。如在中性或碱性条件下，PA 膜表面的羧基电离，带有负电荷，对 SO_4^{2-}、Cl^- 等阴离子具有显著的静电排斥作用，因此脱盐率更高；而在酸性条件下，羧基电离度降低，表面负电荷密度降低，脱盐率相应下降。因此，过滤 pH 的优化对于提高膜脱盐性能至关重要。在实际应用中，可采用 Zeta 电位分析仪表征膜表面的等电点，进而预测其在不同 pH 条件下对带电溶质的静电效应。

膜表面能也是影响其抗污染性能的一个关键参数。根据热力学理论，膜与溶液的表面能差异越大，溶质在膜表面的黏附力越强，越容易引起不可逆污染。因此，减小膜／溶液表面能差异是提高膜抗污染能力的重要原则。亲水改性可显著提高膜表面自由能，使其更接近水的表面张力（72.8 mN／m），从而降低污染物的黏附趋势。如经过等离子体处理的PVDF膜，其表面引入了大量含氧官能团，表面自由能可从30 mN／m提高到60 mN／m以上，污染前后的通量恢复率可从60%提高到90%以上。此外，构筑高度疏水的膜表面也可减少某些疏水性污染物的黏附，如在PTFE膜表面引入纳米粗糙结构，可使其表面能降低到20 mN／m以下，对油污染物的黏附力显著降低。但过高的表面疏水性也会导致水通量下降，因此需要在抗污染性和渗透性之间进行平衡。

膜材料的分离性能、化学稳定性、机械强度、表面特性等是评价其综合性能的核心指标。在工业应用中，膜材料还需兼顾成本、加工性、环境相容性等因素。因此，高性能膜材料的开发需要在分子结构设计、配方优化、成膜工艺、表界面控制等方面统筹考虑、协同优化，最终获得兼具高选择性、高通量、高稳定性及低成本的膜材料。这不仅需要深入理解不同化学结构、形貌特征与材料性能间的构效关系，还需要研发先进的材料表征手段、计算模拟技术，实现膜材料性能的精准调控。此外，加强产学研用合作，针对关键应用领域开发专用膜材料，建立完善的膜性能评价体系和标准规范，也是促进高性能膜材料产业化应用的重要举措。相信随着膜材料基础研究的不断深入和应用技术的持续创新，新一代高性能膜材料必将不断涌现，为资源高效利用、生态环境保护、清洁生产、健康生活等诸多领域提供更加高效、经济、绿色的解决方案。

第二节　膜材料的选择标准

一、化学稳定性

膜材料的化学稳定性是评价其能否在特定化学环境中长期稳定使用的关键指标。在实际应用中，膜材料通常需要耐受各种酸、碱、盐、氧化剂等化学介质的侵蚀，同时还要经受高温、高压、强剪切等苛刻条件的考验。如果膜材料的化学稳定性不足，就会发生降解、溶解、交联等一系列不利变化，导致膜结构破坏，分离性能下降，甚至完全丧失其功能。因此，根据膜分离过程的工况条件，选择化学稳定性良好的膜材料是确保其长期稳定运行的前提。

（一）耐酸碱性

膜材料的耐酸碱性是指其抵抗酸、碱等无机介质侵蚀的能力。在水处理、食品加工、石油化工等领域，原料、产品或清洗介质的pH值通常偏酸性或偏碱性，因此膜材料必须具有良好的耐酸碱性。膜材料的耐酸碱性主要取决于其化学键的类型和键能。一般而言，具有以下化学结构的材料耐酸碱性较好。

①含C—F键的全氟及部分氟化高分子，如聚四氟乙烯（PTFE）、聚偏氟乙烯（PVDF）、全氟磺酸树脂（Nafion-H）等。C—F键的键能高达485 kJ/mol，在强酸、强碱介质中均具有优异的化学稳定性。这类材料广泛应用于酸碱性废水处理、氯碱工业电解等领域。

②含Si—O键的有机硅高分子及其杂化物，如聚二甲基硅氧烷（PDMS）、有机硅改性聚醚砜（PES—Si）等。Si—O键的键能可达452 kJ/mol，赋予材料优异的耐酸碱稳定性。有机硅高分子在酸性条件下的稳定性尤为突出，在硝酸、盐酸等无机酸中几乎不发生降解。

③芳香族高分子及其衍生物，如聚砜（PSF）、聚醚砜（PES）、聚醚醚酮（PEEK）、聚苯并咪唑（PBI）等。芳香族高分子主链上的苯环结构刚性大、稳定性强，在酸碱介质中不易发生断链和降解反应，因此具有优异的耐酸碱性。

④交联型高分子，如交联聚乙烯（XLPE）、环氧树脂等。交联结构的存在限制了高分子链的迁移和溶解，显著提高了材料在酸、碱介质中的稳定性。通过化学或辐射引发交联，可使通用高分子材料的耐酸碱性显著增强。

除了材料本身的化学结构外，膜的形态结构、表面性质等因素也会影响其耐酸碱稳定性。致密结构的膜材料通常比多孔结构的膜材料耐酸碱性更好，这是因为致密结构可有效阻隔酸、碱等腐蚀性介质向膜内部的渗透，从而减缓材料降解速率。此外，将膜材料表面进行疏水化处理，也可一定程度提高耐酸碱稳定性。疏水表面可减小酸、碱等极性介质在膜表面的吸附量，从而延缓腐蚀过程。如在PES、PVDF等亲水性膜材料表面接枝全氟烷基硅烷偶联剂，可使其水接触角从70°以下提高到100°以上，耐酸碱性能显著提升。

（二）氧化性

膜材料的抗氧化性是指其抵抗分子氧、臭氧等氧化性介质侵蚀的能力。在水处理、烟气净化、燃料电池等领域，膜材料通常暴露于含氧环境中，长期使用过程中不可避免地会发生氧化降解。氧化降解会导致材料分子量下降、力学性能恶化、膜结构破坏等一系列问题，严重影响膜组件的使用寿命。因此，选择抗氧化性良好的膜材料对于上述应用领域至关重要。

与耐酸碱性类似，材料分子结构中化学键的类型和键能是影响其抗氧化性的关键因素。含C—F键、C—Si键、芳香结构的高分子材料通常比脂肪族高分子材料的抗氧化性更好。这是因为前者化学键能高、结构刚性大，不易发生均裂反应，生成自由基。特别是全氟高分子如PTFE、全氟磺酸树脂等，由于C—F键极化程度高，分子间作用力强，因此其抗氧化性能尤为突出，在高浓度臭氧、过氧化氢等强氧化性介质中仍能保持稳定。

除了材料自身化学结构外，掺杂阻氧剂、自由基捕获剂等添加剂也是提高材料抗氧化性的重要手段。常见的阻氧剂主要包括硫醇类、膦类、酚类等含S、P、O元素的有机小分子化合物。这些化合物可通过自身氧化，消耗氧气，减缓材料降解。如在聚丙烯（PP）中加入0.05%～0.2%的二硫代二丙酸二月桂酯，可使其抗氧化诱导期从30 min延长到600 min以上。自由基捕获剂则主要包括受阻酚类、有机胺类化合物。这类化合物可与材料降解过程中产生的自由基发生反应，抑制自由基引发的连锁降解反应。如在聚乙烯（PE）中加入 0.05%~0.2% 的 2，6－二叔丁基－4－甲基苯酚（BHT），可显著延缓其热氧老化进程。

值得注意的是，抗氧化剂的选择需要考虑与基体材料的相容性。当相容性不佳时，抗氧化剂易在使用过程中迁移、流失，不仅抗氧化效果不理想，还可能污染膜分离产品。因此，应优先选择分子量大、极性与基体材料相近的抗氧化剂。对于极性材料如 PES、PA 等，应选择酚醚类、亚磷酸酯类等极性抗氧化剂；而对于非极性材料如 PE、PP 等，则选择硫醇类、膦类等非极性抗氧化剂更为合适。

提高膜材料抗氧化性的另一个策略是采用表面改性技术，在膜表面构筑抗氧化涂层。如采用等离子体化学气相沉积技术，在 PES 膜表面沉积一层含 Si、F 元素的致密涂层，可显著降低膜表面的氧渗透系数，从而提高其抗氧化稳定性。类似地，采用原子层沉积、溶胶—凝胶法等技术在膜表面构筑金属氧化物（如 Al_2O_3、TiO_2 等）纳米涂层，也可有效阻隔氧向膜内部扩散，减缓降解过程。这些表面抗氧化涂层不仅可以延长膜材料的使用寿命，还可以赋予膜材料更好的亲水性、抗污染性等表面性能。

（三）耐溶剂性

膜材料的耐溶剂性是指其抵抗有机溶剂溶胀、溶解的能力。在有机溶剂脱水、萃取、催化、电池等领域，膜材料长期接触甲醇、乙醇、丙酮、二甲基甲酰胺等有机溶剂，因此必须具有优异的耐溶剂性能。膜材料在有机溶剂中发生溶胀时，高分子链间距增大，自由体积增加，结构致密性下降，这不仅会导致其分离性能恶化，还可能诱发塑性变形，缩短使用寿命。因此，根据不同应用体系选择耐溶剂性良好的膜材料至关重要。

影响膜材料耐溶剂性的因素主要包括溶解度参数、结晶度、交联度等。溶解度参数是表征材料与溶剂间相互作用能力的一个重要参数。根据"相似相溶"原理，当材料与溶剂的溶解度参数接近时，两者间的相互作用力最强，材料在该溶剂中的溶胀度最大。因此，膜材料的溶解度参数与使用环境中溶剂的溶解度参数差异越大，其耐溶剂性就越好。如在极性溶剂环境中，选择溶解度参数小的疏水性材料如 PTFE、PVDF 等，其溶胀度通常小于 5%；而在非极性溶剂环境中，选择溶解度参数大的亲水性材料如 PAN、CA 等更为合适。

结晶度对材料的耐溶剂性也有重要影响。结晶区是高分子链规整有序排列形成的致密区域，溶剂分子难以进入，因此结晶度越高，材料的耐溶剂性就越好。如 PVDF 膜的结晶度可通过退火、拉伸等工艺调控在 50%~70%，在丙酮、乙酸乙酯等强极性溶剂中的溶胀度可控制在 10% 以内。而结晶度低于 40% 的 PVDF 膜在上述溶剂中的溶胀度可高达 20%~30%，分离性能明显下降。提高材料结晶度的方法主要有退火、拉伸取向、加入成核剂等，但需注意过高的结晶度也会导致材料脆性增加，加工性能变差。

交联结构的存在可显著提高材料的耐溶剂性。交联点犹如分子间的"锚点"，限制了高分子链的迁移和溶剂化，从而减少溶剂分子在材料中的扩散和渗透。高交联度的材料在溶剂中的溶胀度通常较低，维持了较高的结构稳定性和分离性能。如采用过氧化物、硅烷偶联剂等交联 NR、SBR 等橡胶基材料，交联度可超过 90%，在脂肪族和芳香族溶剂中均具有良好的稳定性，在汽油脱硫、溶剂精制等领域得到了广泛应用。值得注意的是，虽然高交联度有利于提高材料的耐溶剂性，但也可能导致材料柔韧性下降。如全交联型材料在溶剂中溶胀时容易发生应力开裂。因此，材料的交联度需要兼顾耐溶剂性和力学性能进行优化。

此外，共混改性、表面涂覆、嵌入无机粒子等复合改性方法也可提高膜材料的耐溶剂性。如将PVDF与树脂基活性炭粉共混，可制得兼具高耐溶剂性和高吸附性的复合膜；在PAN基膜表面涂覆一层致密的聚二甲基硅氧烷涂层，可使其甲苯溶胀度从15%降低到5%以下；将SiO_2、TiO_2等无机纳米粒子引入聚合物基体，利用无机粒子的物理阻隔作用和界面化学作用，也可显著提高复合膜材料在有机溶剂中的稳定性。这些复合改性方法为耐溶剂膜材料的设计提供了新的思路。

综上所述，化学稳定性是膜材料实现长期稳定使用的基础，是膜材料选择的首要标准。通过分子结构设计、添加助剂、共混复合、表界面改性等手段，可显著提高膜材料在酸、碱、氧化剂、溶剂等化学介质中的稳定性，拓宽其应用范围。在某些特定领域，如氯碱工业、有机溶剂精制等，由于化学环境极为苛刻，常规高分子材料难以满足使用要求，因此亟须开发耐强酸强碱、耐强氧化、耐多种溶剂的新型膜材料。这不仅需要从分子水平入手，设计合成高化学稳定性的特种高分子材料，还需要深入理解材料结构与性能间的关系，发展多尺度调控材料组织结构的新方法，最终实现膜材料化学稳定性与其他综合性能的协同优化。相信随着材料合成技术、计算模拟方法、表征手段的不断进步，高化学稳定性膜材料的分子设计将更加精准，宏观性能也将不断提升，必将在环保、能源、化工等高端应用领域发挥更大的作用。

（四）耐氯性

氯是一种常见的消毒剂，在水处理、食品加工等领域应用广泛。膜材料在氯的长期作用下容易发生降解和破坏，导致膜性能不可逆衰减。因此，膜材料的耐氯性也是评价其化学稳定性的一个重要指标。影响膜材料耐氯性的因素主要包括材料化学结构、pH值、温度等。

在分子结构方面，含N—H键、S、C＝C键的材料在氯环境中容易发生降解。如PA膜中的酰胺键在次氯酸根等活性氯物种的作用下会发生断裂，导致PA层溶解、膜结构被破坏；含S原子的PES膜则会发生脱硫反应，生成砜基、次砜基等极性基团，导致膜亲水性增加、力学性能下降。相比之下，全碳主链型高分子如PTFE、PVDF等在氯环境中表现出优异的稳定性。这主要得益于C—F键能高、电负性大，不易发生亲电取代反应。研究表明，PVDF膜在2000～3000 ppm·h氯环境中基本维持原有的脱盐率和水通量，而PA膜的脱盐率则从99%下降到90%以下。

pH值对膜材料的耐氯性也有显著影响。氯在酸性条件下主要以次氯酸（HClO）形式存在，而在中性和碱性条件下则主要以次氯酸根（ClO^-）形式存在。相比HClO，ClO^-的氧化性更强，对膜材料的降解作用更大。因此，在含氯水处理中，应优先考虑在弱酸性条件下操作，以减缓膜材料的氯降解。温度的升高虽然有利于提高膜通量，但也会加速氯降解反应，缩短膜使用寿命。如PA膜在氯浓度为200 ppm、温度为25 ℃时，使用寿命可达3～5年；但温度升高到35℃时，其使用寿命则缩短到1年以内。

除了材料自身化学结构和使用环境因素外，添加抗氧化剂、采用表面改性等方法也可提高膜材料的耐氯性。如在PES、PSF等材料中掺杂磷酸三苯酯、亚磷酸二苯酯等阻聚剂，可有效捕获氯降解过程中产生的自由基，从而延缓材料老化进程。采用等离子体接枝、原子层沉积等表面处理技术，在PA膜表面引入含氟基团，也可显著提高其在氯环境中的稳定性。如经全氟辛基三甲氧基硅烷等离子体处理的PA膜，其抗氯性指数（即在保持90%脱盐率时的氯耐受量）可从5000 ppm·h提高到50000 ppm·h以上。

总之，膜材料要在含氯环境中保持长期稳定性能，需要在分子结构设计、配方优化、表界面改性等方面统筹考虑。设计合成主链稳定、支链致密、化学惰性的高分子材料，开发高效、长效、环保的抗氯助剂，优选与基材相容性好的表面改性方法，建立多因素耦合的加速老化实验方法，都是今后抗氯膜材料研究的重点方向。此外，优化膜组件结构和运行工艺，在线清洗再生，也是提高膜使用寿命的重要手段。只有多管齐下，协同创新，才能最大限度地提高膜材料在含氯环境中的稳定性，满足日益苛刻的使用要求。

（五）抗结垢性

在反渗透、纳滤、膜蒸馏等膜过程中，原料侧的水溶液在膜表面浓缩，导致Ca^{2+}、Mg^{2+}、CO_3^{2-}、SO_4^{2-}等难溶盐离子的过饱和，从而引发结垢问题。无机结垢物在膜表面沉积、长大，不仅会阻塞膜表面，降低水通量，还会与膜材料发生化学反应，加速其降解失效。因此，膜材料必须具有良好的抗垢性。影响膜材料抗垢性的因素主要包括表面粗糙度、表面电荷、表面能等。

研究表明，膜表面的粗糙度越大，结垢倾向越强。这主要有两方面原因：一是粗糙表面比光滑表面具有更大的比表面积，为垢晶体的成核提供了更多位点；二是粗糙表面的微凹陷区域易形成局部浓差极化，加剧溶液过饱和，促进垢晶体的成核。因此，采用表面抛光、涂覆致密层等方法降低膜表面粗糙度，可有效缓解膜面结垢。如经纳米$CaCO_3$溶胶涂覆处理的PVDF中空纤维膜，其表面粗糙度从50 nm降低到20 nm，抗垢性能显著提高。

膜材料表面的电荷性质也会显著影响其抗垢性。通常，膜表面与垢晶体间存在静电引力时，二者更易发生吸附聚集，导致结垢加剧。研究发现，在碱性条件下，PA膜表面的羧基电离产生负电荷，容易吸引溶液中的Ca^{2+}、Mg^{2+}等阳离子，引发磷酸钙、碳酸钙等垢的形成。相比之下，中性或弱酸性条件有利于减弱这种静电引力，从而缓解膜面结垢。此外，采用等离子体接枝、化学共价键合等技术在膜表面引入亲水性、电中性基团（如羟基、甲基等），也可减弱膜面与垢体间的静电相互作用。

膜材料表面能与其抗污染性密切相关，表面能越低，污染物在其表面的黏附力越小，越不易形成牢固污垢层。研究表明，提高膜表面的疏水性可有效降低其表面能，从而减缓膜面结垢。如经低表面能含氟聚合物改性的PVDF膜，其表面水接触角可达120°以上，对$CaSO_4$、$CaCO_3$等垢体的黏附力显著降低，抗垢性能大幅提升。利用纳米粗造化与低表面能材料涂覆相结合的策略，还可制备出具有超疏水特性的仿生膜表面。这种表面不仅能最大限度降低垢体的黏附力，还能借助表面微纳米结构诱导的毛细力，使部分污垢能在剪切力作用下自清洁，进一步提高膜的抗垢性。

当然，在实际应用中，还需结合料液水质条件、操作参数等因素综合考虑膜材料的抗垢性。如在硬度较高的苦咸水淡化中，应优先选择表面光滑、电中性的中性或弱酸性材料；而在有机质、微生物含量较高的污水处理中，则优先选择表面疏水、低能的材料。同时，采用物理水处理、加入阻垢剂、优化操作参数、及时清洗等工艺手段，也是控制膜面结垢、延长膜使用寿命的必要措施。

二、机械强度

膜材料的机械强度是保证其在实际应用中能够承受一定的外力作用而不发生变形或破坏的关键性能。在膜分离过程中，膜材料不仅要承受进料液的压力，还要经受浓差极化、膜污染等因素引起的附加应力。如果膜材料的机械强度不足，在操作过程中就容易发生变形、开裂、断裂等失效问题，导致膜组件的泄漏或破损，缩短其使用寿命。因此，根据不同应用领域的工况条件，选择机械强度满足要求的膜材料至关重要。

（一）抗拉强度

抗拉强度是评价膜材料抵抗拉伸变形能力的一个重要指标，表示材料在拉伸作用下单位面积上所能承受的最大拉应力。抗拉强度越高，意味着材料抵抗拉伸变形的能力越强，在膜组件制备和使用过程中越不易发生撕裂或断裂。影响膜材料抗拉强度的因素主要包括高分子的化学结构、聚合度、结晶度、取向度等。

在分子结构方面，含刚性基团如苯环、杂环等的高分子材料通常比含柔性基团如烷基、醚键等的材料具有更高的抗拉强度。这是因为刚性基团限制了高分子链的转动和变形，使材料的模量更高。如聚砜类高分子PES、PEEK等，其分子主链含有刚性的亚砜基、二苯醚、酮羰基等基团，抗拉强度可达80~120 MPa，远高于聚烯烃类高分子PE、PP等（20~40 MPa）。值得注意的是，过于刚性的高分子虽然抗拉强度高，但也容易产生应力集中，导致材料脆性大、韧性差。因此，高性能膜材料的分子设计需在高强度和高韧性间进行平衡。

除了分子结构外，聚合度、结晶度、取向度等因素也会显著影响材料的抗拉强度。高聚合度意味着高分子链长度大，链间缠结和相互作用力强，因此抗拉强度更高。如超高分子量聚乙烯（UHMWPE）的聚合度可达数百万，其抗拉强度可达40~60 MPa，显著高于普通PE（20~30 MPa）。高结晶度则意味着高分子链排列更加规整紧密，分子间作用力更大，因此抗拉强度也更高。如高度结晶的聚四氟乙烯（PTFE）的抗拉强度可达30~40 MPa，而非晶态PTFE的抗拉强度则低于20 MPa。此外，高取向度也有助于提高材料的抗拉强度。如经拉伸取向处理的PP纤维，分子链沿拉伸方向排列，抗拉强度可从20~30 MPa提高到100~200 MPa。

（二）抗压强度

抗压强度是评价膜材料抵抗压缩变形能力的一个重要指标，表示材料在压缩作用下单位面积上所能承受的最大压应力。膜材料在实际运行中需要承受一定的操作压力，抗压强度直接决定了其在该压力下能否保持稳定的结构和性能。影响膜材料抗压强度的因素主要包括高分子的化学结构、聚合度、支化度、交联度等。

与抗拉强度类似，含刚性基团的高分子材料通常比含柔性基团的材料具有更高的抗压强度。这是因为刚性基团赋予高分子主链更强的抗弯曲、抗扭转能力，使材料在压缩变形时不易发生屈曲和塌陷。如聚酰亚胺（PI）分子链含有大量芳香杂环结构，抗压强度可达 $200\sim300\,\mathrm{MPa}$，在高压反渗透、气体分离等领域得到广泛应用。相比之下，聚二甲基硅氧烷（PDMS）等含柔性硅氧烷键的高分子，其抗压强度则低于 $10\,\mathrm{MPa}$。

聚合度对高分子材料的抗压强度也有显著影响。聚合度越高，分子量越大，分子链间的物理缠结和化学键合越多，材料的屈服强度和模量就越高。如 UHMWPE 的分子量可达数百万，抗压强度高达 $50\sim80\,\mathrm{MPa}$，远高于普通聚乙烯（$20\sim30\,\mathrm{MPa}$）。但过高的聚合度也可能导致加工困难，制备成本增加。因此，高抗压膜材料的聚合度需要兼顾强度和加工性进行优化。

支化结构和交联结构的引入也可显著提高高分子材料的抗压强度。支化高分子中的侧链相当于分子间的"支撑"，在压缩载荷下能起到分散应力、抑制变形的作用。如高度支化的液晶聚合物，其抗压强度可达 $100\sim200\,\mathrm{MPa}$，远高于线型聚合物。交联结构可看作分子间的"桥梁"，限制了高分子链的滑移和转动，从而提高材料的模量和屈服强度。如通过过氧化物交联的聚乙烯（PEX），交联度可达 70% 以上，抗压强度可达 $40\sim60\,\mathrm{MPa}$，比未交联 PE 提高 1 倍以上。

（三）抗冲击强度

抗冲击强度是评价膜材料抵抗瞬时冲击载荷而不发生断裂的能力指标，表示材料在高应变速率下的动态断裂韧性。在膜分离过程中，膜材料可能受到液体冲刷、固体磕碰等瞬时冲击载荷的作用，如果抗冲击强度不足，容易发生冲击断裂，造成膜元件泄漏。因此，膜材料必须具备一定的抗冲击性能，尤其是在高压、高剪切等苛刻条件下。影响膜材料抗冲击强度的因素主要包括高分子的化学结构、聚合度、共聚组分、增韧剂等。

含柔性链段的高分子材料通常比含刚性链段的材料具有更高的抗冲击强度。这是因为柔性链段赋予高分子分子链更大的迁移自由度，在冲击载荷作用下能通过链段运动耗散应力，从而延缓断裂。如 ABS 树脂中的丁二烯橡胶链段、PC／PBT 合金中的 PBT 软链段等，都起到了优异的增韧作用，使材料的缺口冲击强度从 $2\sim5\,\mathrm{kJ／m^2}$ 提高到 $50\sim100\,\mathrm{kJ／m^2}$。相比之下，PEEK、PSF 等全芳型高分子的分子链刚性大、迁移自由度小，抗冲击强度通常低于 $5\,\mathrm{kJ／m^2}$。

聚合度对材料的抗冲击强度也有一定影响。聚合度越高，分子链长度越大，缠结密度越高，断裂过程中链段拔出和断裂耗散的能量就越多。如 UHMWPE 的摆锤冲击强度可达

$200 \sim 300\,kJ/m^2$，是普通聚乙烯的 $5 \sim 10$ 倍。但聚合度提高也会导致材料可加工性变差，因此需要权衡抗冲强度和可加工性。

共聚和增韧改性是提高高分子材料抗冲击性能的有效途径。通过共聚引入柔性组分，可增加分子链的无定形区，促进应力在基体中的耗散。如将 $20\% \sim 30\%$ 的 α-烯烃（如 1-丁烯、1-己烯等）共聚到聚丙烯中，可使其缺口冲击强度从 $2 \sim 5\,kJ/m^2$ 提高到 $10 \sim 30\,kJ/m^2$。在基体中添加橡胶、热塑性弹性体等柔性增韧剂，利用增韧相的多次相分离和应力诱导塑性变形，也可显著提高材料的抗冲击强度。如在聚碳酸酯（PC）中加入 30% 的 ABS，其缺口冲击强度可从 $5 \sim 10\,kJ/m^2$ 提高到 $50 \sim 80\,kJ/m^2$。值得注意的是，共聚组分和增韧剂的加入虽然改善了抗冲击性能，但也可能引起材料强度和模量的下降，因此需要合理优化共聚和增韧剂的种类与用量。

（四）蠕变/应力松弛性能

蠕变是指材料在恒定应力作用下发生的随时间增加的变形，表征了材料在长期受力条件下的变形稳定性。应力松弛是指材料在恒定应变条件下，内部应力随时间减小的现象，表征了材料在约束变形条件下释放内应力的能力。膜材料在长期使用过程中，膜面持续受到操作压力的作用，因此必须具有良好的抗蠕变性能，以保证其结构和性能的稳定性。同时，膜材料在制备和安装过程中，也会受到一定的残余应力，如果应力松弛性能差，残余应力就会长期积累，最终导致膜元件变形或开裂失效。因此，抗蠕变/应力松弛性能也是评价膜材料长期使用可靠性的关键指标。影响材料蠕变/松弛行为的因素主要有高分子的化学结构、聚合度、交联度、填料等。

分子结构中含刚性基团或极性基团的高分子，通常比含柔性基团或非极性基团的高分子具有更好的抗蠕变性能。这是因为刚性基团或极性基团限制了分子链的转动和滑移，提高了材料的屈服强度和模量，从而减缓蠕变变形的发生。如 PI 分子链中的芳香杂环、PA 分子链中的酰胺键等，都赋予材料优异的抗蠕变性能，在高温、高压等苛刻条件下仍能保持稳定。相比之下，PE、PDMS 等柔性链型高分子，在长期受力条件下容易发生明显的蠕变变形。

聚合度和交联度的提高对改善材料的蠕变/松弛性能也有积极作用。高聚合度意味着分子链长度大、缠结密度高，分子链在外力作用下不易发生相对滑移，因此蠕变变形更加缓慢。交联结构的存在则相当于在分子链间引入了化学"锚点"，进一步限制了链段运动，使材料在受力条件下表现出类似弹性体的性能。如高度交联的环氧树脂，在室温下长期加载 $100\,MPa$ 应力，其蠕变变形量可控制在 0.1% 以内，应力松弛量也低于 5%，远优于线型聚合物。

填料的加入对改善高分子材料的蠕变/松弛性能也有重要作用。填料颗粒相当于分子链间的"物理交联点"，限制了高分子链的运动自由度，因此可减缓蠕变的发生。如在 PP 中加入 $20\% \sim 30\%$ 的滑石粉，蠕变模量可提高 $2 \sim 3$ 倍。纳米粒子填料如纳米黏土、碳纳米管等，由于粒径小、比表面积大，与高分子基体间存在更强的界面相互作用，因此对蠕变/松弛行为的改善效果更加显著。例如，在尼龙 6 中加入 5% 的有机蒙脱土，室温蠕变速率可降低 $1 \sim 2$

个数量级。此外，填料形貌对蠕变／松弛性能也有一定影响，纤维状、片状填料由于各向异性结构，对蠕变／松弛行为的各向异性影响更大。

综上所述，机械强度是膜材料实现长期稳定运行的重要保障。通过分子结构设计、共聚改性、填料增强等手段，可从抗拉伸、抗压缩、抗冲击、抗蠕变等多个维度提高膜材料的机械性能，以满足不同应用领域的需求。对于承受高压反渗透、气体分离、氢气纯化等苛刻工况的膜材料，高抗拉伸强度、高抗压强度是保证膜元件结构完整性的关键；对于受到频繁启停冲击、液固两相流冲刷的膜材料，优异的抗冲击性能是避免膜破损的重要保障；而在长期连续运行工况下，抗蠕变／松弛性能是维持膜结构与性能稳定性的必要条件。高性能膜材料的开发需要在材料合成、加工、表征等方面进行系统优化，既要从分子结构层面"量身定制"物理化学性质，又要从加工工艺层面控制微观形貌与缺陷，还要建立完善的多尺度力学性能表征和失效机理分析方法，最终实现高分离性能与高机械可靠性的完美结合。

值得一提的是，机械强度作为材料的一种本构属性，其提高往往伴随着其他性能如韧性、断裂伸长率等的下降。因此，在机械强度优化过程中，还需重点关注材料的断裂行为和失效模式，采用增韧、多相共混等方法，在保证强度的同时赋予材料一定的柔韧性和损伤容限，防止灾难性失效的发生。如在PVDF中引入三元共聚单体CTFE，可在提高抗拉强度的同时显著改善断裂韧性；在PES中加入聚丙烯腈（PAN）制备双连续互穿网络结构，则在提高抗压强度的同时赋予材料优异的阻裂性能。

此外，机械强度的提高不能以牺牲其他综合性能为代价。膜材料在提高机械强度的同时，还需兼顾化学稳定性、热稳定性、透气透水性等使用性能。这就要求在材料设计中协同考虑力学、热学、流体、界面等诸多因素，优化体系的化学组成、相结构、形貌特征等。如何在力学增强和其他性能提升间实现协同，避免"此消彼长"，是高性能膜材料开发中的关键科学问题，需要多学科交叉融合、多尺度调控优化。这不仅需要材料工作者与力学、化学、流体等领域的专家密切合作，还需要借助计算机模拟、人工智能等先进研究手段，加速材料的设计优化与工艺放大。只有通过产学研用各方的通力协作，遵循安全、环保、节能的可持续发展理念，高机械强度膜材料的研发才能不断取得突破，为膜分离技术在资源环境、化工、能源等众多领域的应用拓展提供坚实的材料基础。

三、热稳定性

膜材料的热稳定性是指其在高温环境下维持物理化学性质不发生显著变化的能力。在石油化工、煤化工、气体分离等诸多领域，原料气体的温度通常较高，超过100℃甚至200℃。如果膜材料的耐热性不足，长期使用过程中就会发生软化变形、结晶熔融、链段断裂等一系列热降解问题，导致膜的选择分离性能大幅下降，严重时甚至导致膜元件报废。因此，根据不同应用领域的温度要求，选择热稳定性良好的膜材料至关重要。

膜材料的热稳定性主要取决于高分子链的化学结构以及链段间相互作用的类型和强度。通常，分子量大、极性强、芳香结构和杂原子含量高的高分子材料，在高温下更加稳定，热降解温度也更高。这主要归因于以下几个方面。

（一）高分子链刚性

分子结构中含有大量刚性基团（如苯环、杂环、亚砜基等）的高分子，其主链刚性更大，构象自由度更小，在热运动下不易发生链段运动和弯曲变形。这不仅提高了材料的玻璃化转变温度（T_g）和熔融温度（T_m），还提高了热降解温度（T_d）。如 PEEK 含有大量对称分布的苯环和醚键，主链刚性大，T_g 高达 143 ℃，T_m 高达 343 ℃，长期使用温度可达 260 ℃。相比之下，未取向 PP 的 T_g 仅为 -10 ℃左右，熔点也仅 160~170 ℃，在 100 ℃以上就会发生明显软化变形。

从高分子链构象和聚集态结构角度看，刚性高分子链在熔体和溶液中呈伸展构象，分子链排列紧密有序，链段运动受限，因此更加耐热。相比之下，柔性高分子链在熔体和溶液中多呈无规则线团构象，分子链缠结疏松，链段热运动剧烈，更容易发生热降解。此外，刚性高分子链结晶时形成的晶胞也更加致密规整，分子链间作用力更强，因此结晶区的热稳定性通常优于非结晶区。因此，提高分子链刚性和结晶度是改善高分子材料热稳定性的重要途径。

（二）分子链极性

分子链上含有大量极性基团（如酰胺基、酯基、羟基等）的高分子，相比非极性高分子（如聚烯烃），通常具有更高的耐热性能。极性基团之间存在较强的偶极—偶极相互作用、氢键作用等，这些次级键合力虽然不如共价键强度高，但数量众多，在高温下仍能维系分子链的聚集态结构，从而提高材料的热变形温度和热降解温度。如 PI 分子链上含有大量极性酰亚胺环，分子链间存在强烈的 π—π 堆积和氢键作用，因此 T_g 高达 300~400 ℃，在 400 ℃以上才开始分解。相比之下，PTFE 虽然 C—F 键能很高，但分子链完全由非极性—CF_2—重复单元构成，链间作用力较弱，在 300~400 ℃就会开始解聚。

从热力学角度看，高分子链的极性越大，其内聚能密度越高，体系的吉布斯（Gibbs）自由能也越低，因此在高温下更加稳定。同时，高极性高分子的溶解性参数通常较大，与非极性小分子的相容性较差，在受热时不易发生链段溶胀和体积膨胀，从而提高了热变形阻力。此外，极性基团的存在还可诱导高分子链形成有序取向结构（如液晶高分子），进一步提高材料的热机械性能和热稳定性。

（三）化学键能

高分子主链和侧链上化学键的类型和键能的高低，直接影响高分子材料的热降解温度。通常，高聚物分子结构中化学键能越高，材料分解所需的能量就越大，热降解温度就越高。根据化学键的离解能不同，C—C 键（348 kJ/mol）< C—O 键（360 kJ/mol）< C—N 键（308 kJ/mol）< C—F 键（488 kJ/mol）。因此，含 C—O 键的聚醚类高分子、含 C—N 键的聚酰胺类高分子，通常比含 C—C 键的聚烯烃类热稳定性更好。含 C—F 键的全氟高分子如

PTFE，其热稳定性更为突出，在400℃以下几乎不分解。

从反应动力学角度看，高聚物热降解反应的活化能与化学键能密切相关。化学键能越高，启动热降解反应所需的能量就越大，因此表观活化能就越高，热降解反应速率也越慢。如PSF主链上含有C—SO$_2$—C键，其断裂能高达464 kJ/mol，因此热降解活化能可达230 kJ/mol，远高于含C—C键的PS的热降解活化能（150～200 kJ/mol）。在动力学方程中，表观活化能与反应速率常数呈指数关系，活化能每提高10 kJ/mol，热降解速率就下降近1个数量级。因此，通过分子设计提高关键化学键能，是提高高分子材料热稳定性的根本途径。

（四）分子量和支化度

高分子材料的热稳定性与其分子量和支化度也有密切关系。一般来说，分子量越大，分子链间相互缠结越多，高分子链的迁移自由度越小，因此热运动引起的链段断裂和解聚反应就越困难。支化度越高，支链的"钉固"作用就越强，分子链在热应力下断裂和滑移的可能性也越小。因此，提高分子量和支化度有助于提高材料的热变形温度和热降解温度。

值得注意的是，分子量增大虽然有利于提高热稳定性，但也会导致材料的加工流变性变差。超高分子量的高分子熔体黏度非常大，在加工成型时所需温度和压力都较高，反而可能引发局部热降解，影响产品性能。因此，高分子材料的分子量需要兼顾热稳定性和加工性进行优化设计。支化度的提高虽然可改善热稳定性，但也可能引起材料脆性增大。高度支化的高分子在外力作用下，链段运动受阻，不能进行应力松弛，容易发生脆性断裂。因此，线型结构和支化结构需要适度搭配，以达到热稳定性和力学性能的平衡。

（五）热氧老化

在实际应用中，高分子材料除了承受高温环境外，还可能暴露在空气、臭氧等含氧气氛中，发生热氧老化。在热和氧的协同作用下，高分子链上活泼的C—H键容易断裂形成自由基，引发链式自氧化反应。自氧化反应产生的氧自由基和过氧化物会进一步攻击高分子链，导致材料发生交联、断链等一系列复杂的化学变化，机械性能严重恶化，使用寿命大大缩短。因此，高分子材料的耐热氧老化性能也是评价其热稳定性的重要指标。

影响高分子耐热氧老化性能的因素主要包括分子结构中活泼基团的种类和数量、抗氧剂的种类和用量、加工工艺条件等。在分子结构方面，含活泼基团如叔碳（C—R$_3$）、烯丙基、苄基等的高分子，由于C—H键能较低，容易被氧气攻击，因此抗热氧老化性能较差。相比之下，含C—F键、硅烷键、芳环等惰性基团的高分子，由于缺乏活泼氢原子，抗热氧老化性能更好。在抗氧剂方面，添加自由基捕获剂（如蒽醌类）、链终止剂（如亚磷酸酯类）等抗氧剂，可阻断氧化反应链，从而显著改善高分子的热氧稳定性。但抗氧剂的加入量需适度，过量反而可能成为助催化剂，加速材料降解。在加工工艺方面，熔融挤出、注塑成型等过程中，加工温度越高，剪切应力越大，热氧降解反应越容易发生。因此，优化加工窗口，降低加工温度，缩短滞留时间，有助于提高制品的热氧稳定性。

综上所述，热稳定性是膜材料实现高温条件下长期稳定服役的重要保障。通过化学结构设计、分子量与支化度调控、抗氧剂改性、加工工艺优化等手段，可从提高分子链刚性、极性，增大关键化学键能，抑制热降解和热氧化反应等多方面提高膜材料的高温性能，确保其在苛刻温度环境下的分离性能和使用寿命。对于煤气分离、氢气提纯、核废料处理等高温领域的膜材料，优异的热稳定性是保证分离过程安全、经济、长周期运行的关键。

然而，目前工程化应用的高分子膜材料，如PSF、PES、PVDF等的长期使用温度普遍低于200℃，这与工业分离过程的温度要求还有较大差距。因此，亟须开发新型的超耐热高分子膜材料。这需要在分子设计、合成工艺、加工制备等方面取得系统性突破：一是设计合成主链刚性大、极性强、化学键能高的新型高分子，如含杂环结构的PI、聚苯并噁唑（PBO）、聚苯并噻唑（PBT）等；二是优化合成路线与聚合方法，实现分子量、支化度的精确控制，如采用可控自由基聚合、开环聚合等活性聚合方法制备窄分布、高立构规整度的高分子；三是开发温和高效、绿色环保的膜材料加工制备新技术，如非熔融加工、低温等离子诱导接枝改性等，减少加工过程中的热降解和热氧化；四是建立高温膜性能评价标准和加速老化实验方法，为高温膜材料的筛选和改进提供理论指导。只有协同推进材料基础研究与应用技术创新，加强产学研用密切合作，高温膜材料的突破和规模化应用才能水到渠成，最终实现高温工业废气的近零排放和资源化利用。

四、亲水性／疏水性

膜材料的亲／疏水性是影响其分离性能和抗污染性能的关键因素之一。材料表面对水的润湿性能直接决定了水分子和水溶性物质在膜表面的吸附、扩散和传质行为，进而影响膜的渗透通量、选择性和稳定性。同时，膜表面的亲／疏水性也会显著影响其与污染物之间的相互作用，从而影响膜面污染的发生和发展。因此，根据不同的分离体系和过程要求，合理调控膜材料的亲／疏水性对于发挥其最佳性能至关重要。

（一）表征参数

材料表面的亲／疏水性通常用接触角来表征。接触角是指液滴在固体表面形成的切线与固—液界面之间的夹角。根据杨氏方程，固—液—气三相界面处的表面张力平衡关系为：

$$\gamma_{sv} = \gamma_{sl} + \gamma_{lv} \cos \theta$$

式中：γ_{sv}为固—气表面张力；γ_{sl}为固—液表面张力；γ_{lv}为液—气表面张力；θ为接触角。

接触角越大，固—液表面张力越大，液滴在固体表面的铺展性越差，固体表面的疏水性就越强。一般认为，水接触角小于90°的表面为亲水表面，水接触角大于90°的表面为疏水表面，水接触角大于150°的表面为超疏水表面。

除了接触角外，表面自由能也是表征材料表面亲／疏水性的重要参数。表面自由能的大小反映了材料表面形成化学键的难易程度。表面自由能越高，材料越容易与其他物质形成化学键，表面越活泼；反之，表面自由能越低，材料与其他物质形成化学键的倾向越小，表面越惰性。根据欧文斯—文德（Owens-Wendt）理论，材料的表面自由能可分为极性分量（γ_p）和色散分量（γ_d）两部分，即

$$\gamma = \gamma_p + \gamma_d$$

极性分量主要源于材料表面的极性基团（如羟基、羧基、氨基等）间的偶极—偶极相互作用、氢键作用等，色散分量主要源于材料表面分子间的伦敦色散力。亲水表面的极性分量通常占主导，而疏水表面的色散分量则相对较大。

（二）影响因素

影响材料表面亲/疏水性的因素主要包括化学组成和微观结构两大类。在化学组成方面，材料表面的极性基团含量和空间分布是决定其亲/疏水性的关键。极性基团，如羟基（—OH）、羧基（—COOH）、胺基（—NH$_2$）等，由于电负性不同而带有永久偶极矩，可与水分子形成氢键，因此材料表面含有大量极性基团时，亲水性就越强。相反，非极性基团，如甲基（—CH$_3$）、乙烯基（—CH＝CH$_2$）、苯环等，由于电负性相近而极性较弱，与水分子间主要通过色散力相互作用，因此材料表面富含非极性基团时，疏水性就越强。

典型的亲水性高分子如聚乙烯醇（PVA）、聚乙烯吡咯烷酮（PVP）、聚丙烯酰胺（PAM）等，主链和侧链上含有大量的羟基、酰胺基等强极性基团，因此表面亲水性很强，水接触角通常在50°以下。相比之下，PTFE、PDMS、PP等疏水性高分子，由于分子结构中富含非极性的全氟碳链、硅氧烷链、烷基等，因此表面疏水性很强，水接触角可高达100~120°。

在微观结构方面，材料表面的粗糙度、多孔率、比表面积等形貌特征也会显著影响其亲/疏水性。一般来说，粗糙度越大，比表面积越高，材料表面的疏水性就越强。这主要有两方面原因：一是高粗糙度的多孔表面能够捕获更多的空气，形成"气垫"效应，阻碍了水滴与材料表面的有效接触；二是高比表面积能够暴露出更多的疏水基团，而亲水基团则被掩埋在孔洞内部，从而提高了表观疏水性。因此，通过调控材料表面的微纳米结构，可实现亲/疏水性的进一步调控。

典型的疏水表面通常具有高度有序的微纳米多级结构。如荷叶表面呈现出乳突状的微米级突起，突起上又分布着无数纳米级的蜡质晶体，这种多级粗糙结构使其表现出超疏水性，水接触角可达160°以上。受荷叶结构启发，研究人员通过电纺丝、溶剂蒸发诱导相分离、化学腐蚀等方法，在疏水高分子表面构筑出有序多孔的微纳米结构，成功制备出一系列超疏水膜材料，在防污、防结露、油水分离等领域表现出独特的优势。

（三）对膜性能的影响

1. 对分离性能的影响

膜材料表面的亲/疏水性对其分离性能有显著影响。亲水性膜材料表面极性基团与水分子间存在强烈的亲和作用，因此浓差极化现象弱，水的渗透通量高。同时，膜表面对水溶性污染物也具有更强的吸附倾向，因此更易发生膜污染。相比之下，疏水性膜材料表面与水分子间主要通过疏水相互作用，因此更容易在膜表面形成污染层，导致浓差极化加剧，水通量

下降。但疏水表面对非极性有机污染物的吸附倾向更小，因此抗有机污染能力更强。

在压力驱动膜过程中，亲水性膜通常比疏水性膜具有更高的渗透通量和更低的能耗。例如，在反渗透海水淡化过程中，亲水性的芳香族聚酰胺复合膜的水通量可达 $40 \sim 50 \, L/(m^2 \cdot h)$，而疏水性的醋酸纤维素膜的水通量则低于 $10 \, L/(m^2 \cdot h)$。这是因为亲水表面与水分子间的强相互作用削弱了浓差极化效应对水传质的阻力。同时，亲水表面在水中呈现较大的溶胀度，使得高分子链间形成的自由体积增大，水分子更易在其中扩散和传输。

在浓度梯度驱动的膜过程中，膜的亲/疏水性对其选择透过性有重要影响。疏水性膜材料通常比亲水性膜材料具有更高的气体渗透性和选择性。如在烃类气体分离过程中，疏水性的 PDMS 膜对苯、己烷等有机气体分子的溶解度和扩散系数远高于亲水性的乙基纤维素膜，因此渗透通量和选择性系数都更高。这是因为疏水性膜材料与非极性有机小分子间存在更强的疏水相互作用，因此更有利于这类分子在膜中的溶解和扩散。相比之下，极性气体分子如水、醇等在疏水膜中的溶解度和扩散系数则相对较低。

对于纳滤、反渗透等致密膜过程，膜表面的亲/疏水性还会影响其对溶质的截留性能。亲水性膜表面通常比疏水性膜表面具有更高的盐截留率。这是因为亲水表面与水合离子间存在较强的静电排斥作用，因此更有利于实现对无机盐的脱除。相比之下，疏水表面与无机盐间主要通过疏水键合作用，因此对盐离子的排斥效应相对较弱。同时，由于疏水表面易吸附水中的腐殖酸、蛋白质等有机大分子，易在盐截留的同时引入有机污染，导致有机物截留率下降。

2. 对抗污染性能的影响

膜面污染是限制膜过程大规模应用的一大瓶颈。表面亲/疏水性是影响膜材料抗污染能力的重要因素。一般来说，亲水性膜材料比疏水性膜材料具有更强的抗有机污染能力，而疏水性膜材料则具有更强的抗无机污染能力。这主要取决于污染物与膜表面间的相互作用力类型和强弱。

亲水性膜表面含有大量极性基团，如羟基、羧基等，可通过静电排斥作用、位阻效应等阻碍蛋白质、多糖等极性有机污染物在膜表面的吸附和沉积。例如，在污水深度处理过程中，亲水改性的 PVDF 中空纤维膜可将蛋白质的吸附量从 $100 \, \mu g/cm^2$ 降低到 $10 \, \mu g/cm^2$ 以下，膜通量的恢复率也从 60% 提高到 90% 以上。相比之下，疏水性膜表面则易通过疏水相互作用吸附有机污染物，引发不可逆吸附，导致膜性能快速衰减。

对于硬水体系，由于 Ca^{2+}、Mg^{2+} 等二价阳离子在疏水表面的吸附量远低于在亲水表面，因此疏水性膜材料通常比亲水性材料表现出更强的抗矿物盐污染能力。如采用低表面能含氟聚合物改性的 PVDF 微滤膜，其对 $CaCO_3$、$CaSO_4$ 等硬度盐的吸附量可降低 50% 以上，因此在含硬度高的地表水处理过程中，通量下降速率远低于普通 PVDF 膜。相反，在亲水表面，带正电荷的金属阳离子易与膜表面的羟基、羧基等形成螯合配位键，引发结垢问题。

膜表面的微观结构对其抗污染性能也有重要影响。一方面，高度粗糙、多孔的膜表面比光滑、致密的膜表面更容易滞留污染物，导致污染加速。另一方面，规则有序的多级粗糙结构又可诱导"自清洁"效应，污染物不易在其上形成稳固吸附。如模仿鲨鱼皮肤的微纳米结构，可制备出水接触角高达 160° 的超疏水 PVDF 膜，当膜表面沾染油污时，油滴可在水流冲刷下自动滚落，污染物去除率可达 95% 以上。这种"物理抗污染"机制已成为仿生防污膜材料设计的新思路。

（四）改性方法

基于膜材料亲/疏水性与其分离和抗污染性能间的内在关联，可通过对膜材料进行亲/疏水性改性来提高膜性能。常见的改性方法包括共混改性、接枝改性和涂覆改性等。改性过程中需重点关注以下几点。

1.亲/疏水平衡

单纯追求高亲水性或高疏水性并不一定有利于膜性能的提升。在提高膜材料亲水性的同时，还需兼顾其力学性能、热稳定性等，避免过度溶胀引起的强度下降和变形。而提高膜材料疏水性，需要注意避免过高的固—液界面张力引起的浓差极化和水通量下降。

2.界面优化

膜材料表面形貌结构的优化对其亲/疏水性和抗污染性能至关重要。通过调控改性过程中的液—液界面、固—液界面行为，可在膜表面引入梯度结构、多级结构，实现亲/疏水性的动态调控，从而在保证水/气体渗透性的同时提高抗污染能力。如采用蒸气诱导相分离技术（VIPS）可在 PVDF 膜表面构筑出疏水—亲水梯度结构，在抗蛋白污染能力提高 3 倍的同时，膜通量也提高 50% 以上。

3.长期稳定性

膜材料在长期使用过程中，表面的亲/疏水基团可能会发生氧化、水解、迁移等，引起亲/疏水性的衰减。因此，改性过程需注重引入化学键合、物理锚固等作用，提高亲/疏水基团在表面的固定化程度，延缓其老化进程。如采用低温等离子体诱导接枝的方法，通过共价键合在 PTFE 膜表面接枝聚乙二醇（PEG），其表面亲水性和抗蛋白污染能力可维持 1000 h 以上。

4.制备工艺优化

亲/疏水改性不应以牺牲膜的其他性能为代价。在实现改性目标的同时，还需优化制备工艺参数（如成膜温度、溶剂挥发速率、热处理条件等），最大限度保持膜的完整性和均一性，避免产生大量缺陷、断裂等。例如，在 PVDF 中空纤维膜的制备过程中，采用低挥发性溶剂二甲基乙酰胺（DMAc）和高沸点添加剂 PEG 可显著减缓溶剂挥发速率，抑制宏观相分离，从而在提高表面疏水性的同时保证膜的力学性能和结构完整性。

总之，膜材料的亲/疏水性是影响其分离性能和抗污染性能的关键因素。通过表面极性基团引入、微观结构调控、界面优化等改性手段，可精细调控膜材料的亲水性和疏水性，在提高渗透通量、提升选择性、改善抗污染能力等方面取得显著效果。但亲/疏水改性绝非简单的"非此即彼"，而需要在多种性能之间进行平衡优化。同时，改性过程的长期稳定性、规模化制备、成本效益等也需纳入考量。这就需要深入理解不同化学结构、组成和形貌的膜材料其亲/疏水行为的构效关系，并在此基础上发展新型亲/疏水膜材料的分子设计、表面修饰、制备加工和性能评价等关键技术。只有在传统经验指导下，充分借鉴现代材料基因工程、仿生学、纳米技术等新兴学科的研究成果，膜材料的亲/疏水性调控才能不断取得突破，并最终实现在不同应用场景下的规模化应用。相信随着对亲/疏水机理的深入认识和改性技术的不断进步，新一代超亲水、超疏水智能响应膜材料必将不断涌现，为高通量、低能耗、长寿命膜分离过程的开发奠定坚实基础，也必将在水处理、气体分离、生物医药等诸多领域得到更加广泛的应用。

第三节　膜材料的制备方法

一、相转化法

相转化法是一种广泛应用于高分子膜材料制备的通用技术，尤其在制备多孔非对称结构膜和复合膜方面具有独特优势。该方法基于高分子溶液体系的热力学相平衡原理，通过诱导溶液体系发生液—液相分离或固—液相分离，形成连续的聚合物富集相和溶剂富集相，进而固化为多孔膜结构。相转化法可分为非溶剂诱导相分离（NIPS）、蒸气诱导相分离（VIPS）、热诱导相分离（TIPS）等不同类型，在操作工艺、膜形貌调控等方面各具特色。

（一）非溶剂诱导相分离

非溶剂诱导相分离（NIPS）是最常用的相转化制膜方法，也称为浸没沉淀法。该方法以高分子、溶剂和非溶剂三元体系为基础，通过向聚合物溶液中引入非溶剂，诱导体系发生液—液相分离，形成由聚合物富集相和溶剂/非溶剂混合相构成的两相结构，最终凝固为多孔膜。NIPS法可用于制备超滤、微滤、渗透汽化、气体分离等多种膜材料，在膜的结构与性能调控方面具有很大的灵活性。

NIPS法的基本工艺流程包括配制铸膜液、成膜、凝固、干燥等步骤。首先，将高分子溶解在合适的溶剂中，形成均相铸膜液。为调节铸膜液的相分离行为和膜的最终结构，还可加入一定量的添加剂，如成孔剂（PEG、PVP等）、亲水性改性剂等。然后，将铸膜液均匀铺展在平板基材或中空纤维基材上，控制一定的液膜厚度。再将铸膜液浸入非溶剂凝固浴（如水浴）中，诱发相分离和凝固过程。随着非溶剂向铸膜液中不断扩散，溶剂则反向扩散进入凝固浴，体系逐渐从均相区跨入稳定区和不稳定区，在热力学和动力学因素的共同驱动下最终形成多孔膜结构。经充分凝固和干燥后，即得到平板膜或中空纤维膜产品。

影响NIPS法制膜过程及膜结构的因素主要包括铸膜液组成、成膜条件、凝固浴组成和温度等。在铸膜液组成方面，高分子种类和浓度直接决定了铸膜体系的热力学相图，进而影响相转化过程的途径和动力学；溶剂的选择则影响高分子链的舒展度和迁移能力，进而影响液—液相分离的尺度和形态；而添加剂的种类和用量则可对液—液相界面的张力、相区尺寸和连通性进行调节。如PVDF／DMAc／水体系中，提高PVDF浓度可诱导宏观液—液相分离，形成由指状孔洞贯穿的不对称结构膜；加入PEG等亲水性添加剂，则可在膜表面形成富含微孔的疏松层，有利于提高膜的通量。在成膜条件方面，铸膜厚度、成膜温度、成膜环境的湿度等会显著影响铸膜液中溶剂挥发和非溶剂预吸收的程度，进而影响相分离诱导时间和形态演化动力学。如在干燥环境中成膜，由于溶剂快速挥发，非溶剂吸收缓慢，易形成表面致密、内部指状孔洞的典型不对称结构；而在高湿度环境中成膜，非溶剂吸收加快，溶剂挥发减缓，有利于形成表面疏松、孔径均匀的对称多孔结构。凝固浴的组成和温度则影响非溶剂向铸膜液扩散的速率和程度。如采用强非溶剂（如水）作为沉淀浴，由于扩散速率快，易形成表面孔径较大的膜；采用弱非溶剂（如短链醇类）作为沉淀浴，则扩散慢，易形成表面致密的膜。提高沉淀浴温度，虽有利于加快相分离速率，缩短凝固时间，但也可能加剧宏观相分离，导致膜结构不均一。因此，NIPS过程中的制膜条件需要综合考虑，进行系统优化，以期获得结构可控、性能优异的膜材料。

NIPS法的一个重要特点是可实现不对称结构膜的一步法制备。通过调控铸膜液组成和成膜条件，可在膜的表面形成由亚微米级微孔构成的致密层，而在膜的内部形成由微米级大孔构成的多孔支撑层，两层结构在相分离过程中自发形成。这种不对称结构赋予膜独特的分离性能，即表皮层的致密微孔结构保证了较高的选择性，而内部的指状大孔结构则降低了渗透传质阻力，保证了较高的通量。因此，NIPS法已成为制备高性能超滤、纳滤、反渗透等不对称膜材料的主流技术。例如，采用NIPS法可方便地制备出具有"指状孔—海绵层—致密表皮层"三明治结构的PSF、PES超滤膜，其截留分子量可覆盖$10\sim200$ kDa，纯水通量可达$500\sim800$ L／$(m^2 \cdot h \cdot bar)$❶，广泛应用于水处理、食品澄清、生物制药等领域。又如，采用PDMS、聚（1－三甲基硅基－1－丙炔）（PTMSP）等高透气性材料为基体，通过NIPS法制备出兼具疏松表面层和致密内部层的复合膜，其CO_2渗透系数可达10^3 bar以上，$CO_2／N_2$选择性可达$15\sim20$，在烟道气CO_2捕集方面极具应用前景。

（二）蒸气诱导相分离

蒸气诱导相分离（VIPS）是NIPS法的一种重要变体。与NIPS法直接将铸膜液浸入非溶剂浴不同，VIPS法是将铸膜液暴露在含非溶剂蒸气的环境中，利用非溶剂从气相向铸膜液渗透，诱导相分离发生。由于气—液界面传质阻力较液—液界面更大，因此VIPS过程中非溶剂的诱导速率相对较慢，相分离驱动力较小，最终形成的膜结构往往比NIPS法更加均匀。同时，由于体系中固—液相转化和液—液相分离可在较宽的时间尺度内同步发生，因此更有利于形成互通的多孔网络结构。

典型的VIPS法制备高分子多孔膜的工艺流程如下：将高分子溶解在易挥发的良溶剂中，形成均相铸膜液。然后，将铸膜液制备成一定厚度的液膜，置于密闭的容器中。随着溶剂的挥发和非溶剂蒸气的吸收，铸膜液逐渐由均相转变为富聚合物相和富溶剂相共存的两相体系。继续延长暴露时间，非溶剂不断向铸膜液扩散，终至整个液膜凝固，得到白色不透明的固态膜。经

---

❶ 1 bar=10^5 pa。

溶剂置换和干燥后，即得到结构均一、孔隙率高的VIPS膜。值得注意的是，铸膜液中溶剂的挥发速率与非溶剂的吸收速率比（V/A）是影响VIPS膜形貌和性能的关键参数。较高的V/A比有利于形成疏松多孔的膜结构，而较低的V/A比则有利于形成较致密的膜结构。因此，可通过调节环境湿度、温度、铸膜液组成等因素，调控体系的V/A比，从而优化VIPS膜的微观结构。

VIPS法的一个显著优点是可方便地制备出表面疏松、内部逐渐致密的非对称多孔膜。这主要得益于VIPS过程中特有的相分离历程。在成膜初期，由于非溶剂吸收量较小，铸膜液表面优先发生液—液相分离，形成离散的液滴结构；随着非溶剂吸收量增大，铸膜液内部也逐渐发生液—液相分离，在毛细管力的作用下，内部液滴逐渐长大、合并，形成互联的网络结构；最终，随着非溶剂充分扩散至铸膜液底部，整个体系达到热力学平衡，形成了表面疏松、内部致密的非对称多孔结构。这种结构非常有利于提高膜通量和选择性的协同优化。基于此，VIPS法已被广泛应用于PVDF、PSF等疏水性高分子多孔膜的制备中，在膜蒸馏、渗透汽化、油水分离等过程中表现出独特优势。例如，采用PVDF/DMAC/水为体系，通过延长蒸气暴露时间，可制得平均孔径高达$0.5\sim10\,\mu m$的PVDF多孔膜，水接触角可达$140°$以上，且具有出色的拉伸强度（$5\sim10\,MPa$）和韧性，是理想的膜蒸馏材料。

（三）热诱导相分离

热诱导相分离（TIPS）法是利用高分子溶液在降温过程中发生液—液或固—液相分离，形成高分子富集相和溶剂富集相，进而构筑多孔膜结构的方法。与NIPS法和VIPS法相比，TIPS法对高分子种类和溶剂种类的选择更加灵活，可用于制备结晶性和非结晶性高分子多孔膜。同时，由于TIPS过程纯粹由热力学平衡驱动，因此易获得互联度高、孔隙率大的均匀多孔结构。尤其对于难溶于常规溶剂的高结晶性聚合物如UHMWPE、PTFE等，TIPS法是制备多孔膜的理想途径。

TIPS法制备高分子多孔膜的基本过程如下：将高分子与高熔点溶剂混合，加热至均相温度（通常高于高分子的熔点），保温搅拌使体系充分均化。然后，将均相熔体降温至结晶温度以下，诱发液—液相分离。随着温度进一步降低，液—液相分离逐渐向固—液相分离转变，高分子富集相固化形成膜基体，而溶剂富集相则形成膜孔隙。最后，通过萃取或挥发除去孔隙中残留的溶剂，得到具有均匀多孔结构的TIPS膜。影响TIPS膜结构和性能的因素主要包括高分子与溶剂的种类、浓度、相容性，冷却速率和温度梯度，固化温度和时间等。通过优化这些参数，可精细调控TIPS膜的孔隙率、孔径分布、孔形态等结构特征。

TIPS法的一个重要特点是可制备出具有高度规整孔结构的多孔膜。这主要得益于TIPS过程中特有的相分离机制。对于结晶性高分子体系，在液—液相分离后，高分子富集相会进一步发生结晶，形成由片晶、球晶等规整结构单元构成的骨架，孔隙结构也因此高度有序。对于非结晶性高分子体系，虽然不存在结晶诱导效应，但在亚稳态相分离（SD）机制主导下，仍可形成互联度高、孔径均一的多孔结构。这种规整的孔结构不仅有利于提高膜的力学性能，也有利于实现膜孔径的精确调控。例如，采用UHMWPE/石蜡油为体系，通过调节冷却速率和结晶温度，可制备出平均孔径在$0.1\sim10\,\mu m$、孔隙率高达$60\%\sim90\%$的TIPS多孔膜，拉伸强度可达 30 MPa 以上，断裂伸长率可达 200% 以上。这种高强度、高孔隙率 UHMWPE 多孔膜在锂离子电池隔膜、超级电容器隔膜等方面展现出巨大的应用潜力。又如，以 PVDF / DPE 为体系，通过调节高分子浓度和结晶温度，可精细调控 PVDF 晶粒的生长状态，在保证较高孔隙率（> 70%）的同时，将孔径分布控制在 100 ~ 200 nm 的窄幅内，极大地提高了膜的透气性和疏水性，非常适合应用于电池隔膜、直接接触式膜蒸馏等领域。

此外，TIPS 法的另一显著优势是易于实现连续化制备。由于 TIPS 膜的成型过程不涉及溶剂挥发和相转化，因此可利用单 / 双螺杆挤出、热压成型等高效的熔体加工工艺，实现 TIPS 膜的宽幅、连续化生产，生产效率远高于溶液流延等间歇法工艺。同时，由于 TIPS 法对高分子基体和溶剂种类的适用性更广，因此也更容易实现规模化生产。例如，采用 HDPE / 石蜡油为体系，利用双螺杆挤出—热压—拉伸一体化工艺，生产效率可超过 20 m / min，远高于 NIPS 法生产的同类 PP 微滤膜（< 1 m / min）。这种高通量、低成本的 TIPS 膜生产技术，极大地促进了 TIPS 膜材料在水处理、生物医药、能源环保等领域的产业化应用进程。

总之，相转化法是制备高分子多孔膜的一类通用技术，通过调控高分子溶液体系的热力学相平衡，诱导其发生液—液或固—液相分离，可构筑出结构多样、性能可控的多孔膜材料。NIPS 法、VIPS 法和 TIPS 法作为相转化法的三种主要类型，在基本原理、制备工艺和膜材料性能等方面各具特色，可满足不同应用领域的需求。其中，NIPS 法适合制备表面致密、内部多孔的非对称结构膜，在超滤、反渗透、纳滤等水处理领域应用广泛；VIPS 法则适合制备表面疏松多孔、内部渐进致密的非对称膜，在膜蒸馏、渗透汽化等疏水膜过程中优势突出；而 TIPS 法则擅长制备孔结构规整、力学性能优异的均质多孔膜，在锂电池隔膜、高通量微滤膜等方面应用前景广阔。

尽管相转化法在高分子多孔膜制备领域已相对成熟，但仍存在一些亟须突破的科学和技术问题。例如，在基础研究方面，亟须深化对高分子溶液体系热力学行为的认识，发展多组分、多相体系的精确相图计算方法，阐明相分离热力学和动力学机制；在应用技术方面，亟须开发新型聚合物基体材料和环保型溶剂体系，优化成膜装备和加工工艺参数，提高膜材料的批次稳定性和规模化生产效率。这不仅需要材料学、化学、化工等学科的交叉融合，也需要产学研用各方的密切合作。相信随着高分子溶液热力学理论的日益完善和溶液成膜工艺技术的不断进步，以相转化法为核心的高分子多孔膜制备技术必将不断突破瓶颈，推动膜分离过程在能源、环境、化工、电子等战略性新兴领域的创新应用，为人类社会的可持续发展贡献更大的力量。

二、界面聚合法

界面聚合法是一种制备复合膜的重要方法，特别是在制备高性能反渗透（RO）膜和纳滤（NF）膜方面具有独特的优势。该方法基于肖顿—鲍曼（Schotten-Baumann）反应原理，通过在两种互不相溶的单体液相界面上发生快速缩聚反应，形成超薄致密的聚合物活性层，从而获得兼具高选择性和高渗透性的复合膜。与相转化法制备的不对称膜相比，界面聚合法制备的复合膜在膜性能、制备工艺和应用领域等方面具有显著差异。

（一）基本原理

界面聚合法制备复合膜的基本原理是利用两种单体之间的界面缩聚反应，原位生成超薄高密度的聚合物分离层。最常用的单体体系是芳香族二元酸氯（如间苯二甲酰氯、均苯三甲酰氯等）和芳香族二元胺（如间苯二胺、二氨基二苯砜等）。将多孔支撑膜浸泡于二元胺水溶液中，使其表面吸附一层二元胺分子；然后，将吸附有二元胺的支撑膜转移到二元酸氯的有机溶液（如正己烷）中，在水／有机界面上，二元酸氯与二元胺快速反应生成聚酰胺超薄层；经热处理固化后，即得到由超薄聚酰胺活性层和多孔支撑层构成的复合膜。

界面聚合过程的关键在于控制界面上聚合反应的程度和均匀性。由于酰氯基与氨基的反应速率极快，聚合物在界面上的生长主要受单体在界面上扩散供应的控制。为了获得理想的超薄致密层，需要精确调控水相和有机相的组成、浓度和温度等，使单体在界面上形成合适的浓度梯度，维持聚合反应的均匀进行。同时，单体在界面上的吸附量也会显著影响聚合物层的生长状态。为了提高聚酰胺层的交联度和致密度，通常采用过量的二元酸氯，使界面聚合在二元酸氯浓度控制下进行。此外，引入结构刚性大、亲水性强的二元胺单体，对提高聚酰胺层的疏水稳定性和抗氯性也很有帮助。

界面聚合法制备复合膜的一个重要特点是聚合物活性层和多孔支撑层可分别进行优化设计。活性层的化学结构主要由单体种类决定，通过选择不同官能度、刚性和亲／疏水性的单体，可调控活性层的选择性、渗透性和化学稳定性；而活性层的微观形貌主要由聚合反应的动力学过程控制，通过优化界面扩散条件，可在纳米尺度上对活性层的厚度、粗糙度和缺陷进行调节。支撑层则主要提供机械强度和传质通道，其孔径、孔隙率和亲水性对复合膜的通量和抗污染性能影响很大。因此，将相转化法、热诱导相分离法等技术与界面聚合法相结合，对制备高性能复合膜至关重要。例如，采用NIPS法在PS超滤支撑膜上制备出表面光滑、孔径均一的致密层，再经界面聚合接枝聚酰胺活性层，即可获得RO复合膜，其脱盐率可超过99.8%，而水通量可达$1.0 \sim 1.2 \ m^3 /（m^2 \cdot d）$，远优于相转化法制备的不对称RO膜。

（二）单体体系与膜性能

聚酰胺RO复合膜的性能主要取决于酰胺活性层的化学结构和微观形貌，而这主要由界面聚合单体的种类和组成决定。目前，商业化聚酰胺RO膜主要采用三类单体体系：脂肪族二元胺／芳香族二元酰氯体系、芳香族二元胺／芳香族三元酰氯体系和卟啉类大环化合物／芳香族二元酰氯体系。不同的单体体系赋予聚酰胺活性层不同的化学结构特征，进而影响其分离性能和稳定性。

脂肪族二元胺／芳香族二元酰氯体系是应用最早、最广泛的一类界面聚合单体。该体系通常采用脂肪族二元胺如哌嗪、乙二胺等，与芳香族二元酰氯如间苯二甲酰氯、对苯二甲酰氯等聚合。由于脂肪族二元胺的活性高、溶解性好，有利于提高界面上单体的吸附量和反应程度，从而获得致密、平整的聚酰胺薄膜。同时，脂肪族链段的引入也赋予了酰胺键更大的柔性，有利于提高聚酰胺薄膜的韧性和耐氯性。但脂肪族二元胺的疏水性相对较弱，因此该类膜的抗污染性能有待进一步提高。

芳香族二元胺／芳香族三元酰氯体系是目前应用最为成熟的一类界面聚合单体。该体系主要采用刚性芳香族二元胺如间苯二胺（MPD）、二氨基二苯砜等，与三官能度芳香族酰氯如均苯三甲酰氯（TMC）聚合。芳香环的引入大大增强了聚酰胺分子链的刚性，形成的薄膜结构致密、稳定性高且亲水性好。同时，多官能度结构有利于提高聚酰胺网络的交联密度，可进一步提高薄膜的耐压性和抗氯性。然而，芳香族二元胺的亲水性和溶解度低于脂肪族二元胺，因此聚合物前驱体在界面上的吸附富集程度较低，不利于进一步提高水通量。

基于卟啉环等大环化合物的界面聚合体系是近年来发展起来的一类新型单体。卟啉大环是由吡咯亚氨基通过次甲基桥联形成的平面四方位点配位结构，具有优异的化学稳定性和配位功能。通过卟啉环上氨基与芳香酰氯单体的界面聚合，可在聚酰胺分子链中引入类似天然酶的活性位点，极大地提高了RO膜的选择透过性和抗污染性。相比于传统的脂肪胺和芳香胺体系，基于卟啉的界面聚合膜在抗氧化、抗氯及强酸强碱环境中的稳定性也有明显提升。

此外，将无机纳米材料引入界面聚合体系也是提高复合膜性能的重要途径。例如，将TiO_2、SiO_2、$ZIF-8$等无机纳米粒子分散到聚合单体中，通过界面聚合可在聚酰胺基体中引入无机颗粒，制备出兼具无机材料高强度、高稳定性和有机聚合物高选择性的有机—无机杂化RO膜，其水通量和脱盐率均可提高20%~30%以上。这主要得益于无机纳米粒子改善了聚酰胺活性层的亲水性和表面形貌。引入碳纳米管（CNTs）、石墨烯等碳基纳米材料，则可通过调控聚酰胺层的微观结构，在进一步提高水通量的同时改善RO膜的抗压性和抗污染性。

（三）支撑膜的选择与制备

选择合适的多孔支撑膜是获得高性能复合膜的关键。理想的支撑膜应该具有高通量、高机械强度、良好的亲水性和光滑的表面。聚合物支撑膜如聚砜（PSF）、聚醚砜（PES）和聚偏氟乙烯（PVDF）是目前最常用的一类支撑膜。通过调控这些聚合物的成膜工艺，可制备出孔径适中（100~500 nm）、孔隙率高（70%~80%）的不对称多孔支撑膜，满足复合反渗透膜的通量和机械强度要求。

为进一步提高支撑膜的性能，可在聚合物支撑膜表面引入亲水性改性涂层。如在PS支撑膜表面涂覆一层PVA亲水层，再在其上进行聚酰胺的界面聚合，所得复合膜的通量可提高20%~30%，污染趋势也大大降低。采用等离子体处理、辐射接枝等方法在支撑膜表面接枝PEG等亲水性高分子链，也可显著改善支撑膜与活性层间的相容性，提高复合膜的耐压性和抗污染性。

无机陶瓷支撑膜如Al_2O_3、TiO_2等也是一类性能优异但成本较高的支撑膜材料。陶瓷支撑膜具有比聚合物支撑膜更高的机械强度、化学稳定性和耐热性，在苛刻工况下可延长复合膜的使用寿命。同时，陶瓷支撑膜表面亲水性好、粗糙度低，可改善与活性层的结合力，提高膜通量。但陶瓷支撑膜的脆性大，在制备和使用过程中容易发生破损，因此对装置和工艺提出了更高要求。

此外，有机／无机杂化支撑膜在兼顾高通量和高选择性方面展现出独特优势。通过溶胶—凝胶法在聚合物支撑膜表面涂覆一层致密的金属氧化物层，可获得兼具多孔聚合物膜高通量和致密无机膜高选择性的复合基底膜。在该复合基底膜上再进行界面聚合，所得杂化复合RO膜的脱盐率和水通量可比商业RO膜提高30%～50%。类似地，以金属有机骨架（MOFs）、共价有机框架（COFs）等多孔晶体材料为填料，通过共混或原位生长的方式制备MOFs／COFs—聚合物复合支撑膜，可在提供足够机械强度的同时引入大量的选择性传质通道，对于提高复合RO膜的渗透性和选择性具有重要意义。

（四）关键影响因素

影响界面聚合过程及膜性能的因素主要包括单体种类与浓度、反应时间与温度、添加剂种类与浓度以及支撑膜的性质等。系统研究这些因素对界面聚合行为和膜结构的影响规律，对于优化复合膜的制备工艺和改善膜性能至关重要。

在单体方面，酰氯单体和胺单体的种类直接决定了聚酰胺活性层的化学结构，进而影响其亲水性、交联度和链段柔韧性等。选择官能度适中、化学稳定性好的单体有利于获得致密均匀的聚酰胺活性层。此外，适当提高酰氯单体浓度有助于完全消耗界面上吸附的胺基，提高聚酰胺层的完整性和致密性。但当酰氯浓度过高时，过量的酰氯会在聚酰胺表面发生水解，引入端羧基，导致片层结构疏松多孔。因此，优化单体浓度对于调控聚酰胺活性层的微观结构至关重要。

反应时间和温度是影响聚合反应动力学的重要参数。延长反应时间，聚酰胺层厚度增加，完整性提高，但过长时间会导致聚合物链过度交联，柔韧性下降。提高反应温度，聚合速率加快，链段运动能力增强，有利于缩短反应时间，改善膜的抗压性能。但温度过高会加剧酰氯水解副反应，引起聚合物结构缺陷。因此，优化时间和温度条件对于精细调控聚酰胺活性层的微观结构和性能至关重要。

添加剂的种类和浓度对聚酰胺活性层的表面形貌和亲水性有重要影响。表面活性剂、亲水性高分子等均相添加剂的加入，可显著改善聚酰胺层表面的粗糙度和亲水性，提高复合膜的通量和抗污染性能。例如，在水相中加入十二烷基硫酸钠（SDS），在有机相中加入聚乙二醇（PEG），可使聚酰胺薄膜表面粗糙度降低20%～50%，水接触角降低10°以上。此外，无机纳米粒子、碳纳米管等异相添加剂的引入，可通过调控聚酰胺层的微观结构，在改善表面形貌的同时提高其物化性能。如在界面上引入TiO_2、SiO_2纳米颗粒，可使复合RO膜的水通量提高30%～50%，同时显著改善膜的抗氯性和抗污染性。

支撑膜的孔结构和表面性质对于聚酰胺活性层的生长行为和结构特征有着重要影响。孔径过大和孔隙率过高会造成界面聚合单体的过度渗透，导致聚酰胺层厚度不均匀，选择性降低。相反，孔径过小和孔隙率过低则会阻碍水相单体向界面的扩散供给，不利于获得完整致密的聚酰胺层。因此，优化支撑膜的孔结构对于界面聚合过程的顺利进行至关重要。此外，提高支撑膜表面的亲水性和光滑度，有利于加强其与聚酰胺层间的界面黏附，减少界面缺陷，提高复合膜的机械稳定性和分离性能。

综上所述，界面聚合法是制备高性能分离膜的重要方法，尤其是在反渗透和纳滤领域得到了广泛应用。通过优化单体种类与组成、制备工艺条件、支撑膜结构等，可在分子水平上对聚合物活性层的化学结构与微观形貌进行调控，在纳米尺度上对膜的厚度、完整性和表面性质进行优化，最终获得兼具高选择性和高渗透性的复合膜。这不仅需要深入认识界面聚合过程的反应机理和动力学规律，阐明聚合物结构与膜性能间的构效关系；还需要发展先进的表征手段和计算模拟方法，实现对界面聚合膜结构与性能的精准表征与预测；更需要开发新型单体、添加剂、支撑膜等，拓宽界面聚合膜的设计思路和应用领域。

近年来，面对日益严峻的能源短缺和环境污染问题，高性能分离膜在海水淡化、污水深度处理、气体分离与净化等领域的应用日益受到重视。作为制备高性能分离膜的主流技术之一，界面聚合法必将得到更大范围的应用和更深层次的发展。但目前该方法在材料体系、制备工艺、产业化应用等方面仍面临诸多挑战，如单体种类有限、材料成本较高，制备过程难以精确控制、批次稳定性较差，膜分离过程能耗大、工程放大困难等。未来，亟须在分子设计、工艺优化、过程强化等方面开展系统研究，发展绿色、高效、低成本的界面聚合新技术。同时，将仿生、纳米、智能等新概念与界面聚合技术相结合，开发具有抗污染、高通量、耐氯等优异性能的新型复合膜材料，也是今后的重要研究方向。

可以预见，随着界面聚合基础理论的日益完善和关键技术的不断突破，高性能界面聚合复合膜必将在更广阔的应用领域发挥越来越重要的作用，为加强生态文明建设、建设美丽中国贡献更大的力量。作为膜科学技术工作者，我们要立足国家战略需求，瞄准国际科技前沿，加强产学研用紧密合作，在推动界面聚合膜技术创新发展的同时，不断开拓其在资源、能源、环境、化工等领域的应用新途径，使之真正成为造福人类社会的绿色技术。只有这样，才能不断开创膜分离技术的新局面，谱写膜科学的新篇章。

三、溶胶—凝胶法

溶胶—凝胶法是一种重要的无机膜材料制备技术，特别是在制备金属氧化物陶瓷膜和有机—无机杂化膜方面具有独特的优势。该方法基于溶胶的水解缩聚反应，通过调控前驱体溶液的化学组成、溶剂种类、催化剂用量等，实现溶胶向凝胶的转化，并经干燥、焙烧等过程获得多孔无机膜材料。与传统的氧化物粉体烧结法相比，溶胶—凝胶法可在分子水平上对膜的化学组成、微观结构和表界面性质进行精细调控，因此成为制备高性能无机膜材料的重要途径之一。

（一）工艺原理

溶胶—凝胶法制备无机膜材料的基本过程如下：将金属醇盐溶于醇类或醚类溶剂中，得到均一澄清的金属盐溶液；在溶液中加入一定量的水，并根据需要添加酸、碱催化剂，在搅拌条件下进行水解反应，得到溶胶；将溶胶浇注或涂覆在基底上，经溶剂挥发、老化、干燥等过程，形成凝胶膜；最后，经高温焙烧除去残留的有机物和结晶水，得到多孔氧化物陶瓷膜。

溶胶—凝胶法制备无机膜的核心在于通过调控溶胶的水解缩聚反应，实现溶胶向凝胶的定向转化，并最终获得具有特定结构和性能的氧化物膜材料。溶胶的水解缩聚反应主要包括以下几个基元过程：

①金属醇盐在水的作用下发生水解，生成部分羟基化的金属氧烷基中间体和醇类小分子。

②羟基化的金属氧烷基进一步发生缩聚反应，形成 $-M-O-M-$ 结构（M 代表金属原子），并伴随着小分子醇或水的脱除。

③缩聚反应持续进行，形成三维网状结构的凝胶。

水解和缩聚反应的进程受诸多因素影响，如前驱体的种类和浓度、水的用量、催化剂的种类和浓度、反应温度和时间等。通过优化这些因素，可在纳米尺度上调控凝胶的骨架结构、孔径分布、比表面积等，进而影响氧化物膜的微观结构和性能。

溶胶—凝胶法的一个重要优势是可实现氧化物薄膜的低温制备。与传统的氧化物粉体烧结法相比，溶胶—凝胶法在凝胶转化为氧化物的过程中，只需经历较低温度（通常 $200 \sim 600 ℃$）的焙烧处理，即可得到结晶度高、化学计量比准确的氧化物薄膜。这不仅有利于降低制备能耗，减轻环境负荷，还可避免因高温烧结引起的膜基体间的互扩散和界面反应，保证了膜层组分和结构的完整性。低温特性使溶胶—凝胶法特别适合于在高分子、金属等热敏感基底上制备功能氧化物涂层。

溶胶—凝胶法的另一优势在于可方便地引入多种组分，实现对氧化物膜化学组成的精细调控。通过将两种或多种金属醇盐前驱体混合形成溶胶，可制备出掺杂型、复合型、固溶型等多组分氧化物膜，并通过改变前驱体配比实现组分含量的连续调节。这为优化和拓展氧化物膜的功能性质提供了有效途径。如在制备 TiO_2 膜时掺入 Cu、Ag 元素可提高其光催化活性，掺入 W、Nb 元素可改善其电致变色性能。引入有机高分子组分则可制备兼具无机材料高强度、高稳定性和有机高分子柔韧性、功能可设计性的有机—无机杂化膜材料。

（二）制备工艺

溶胶—凝胶法制备无机膜的工艺路线多样，根据成膜和热处理方式的不同，可分为浸渍提拉法、旋涂法、喷雾热分解法等。不同的工艺路线在操作简便性、成本、批量制备等方面各具特点，适用于不同应用场合。

1.浸渍提拉法（dip-coating）

浸渍提拉法是最简单和应用最广泛的溶胶—凝胶膜制备方法。其基本过程为：将基底浸入溶胶中，保持一定时间使溶胶充分浸润和铺展；以恒定速度将基底从溶胶中垂直提拉出来，并在基底表面形成均匀的溶胶液膜；经溶剂挥发、凝胶化、干燥和焙烧，即得到氧化物薄膜。浸渍提拉法操作简单、设备要求低，因此特别适合实验室小批量制备和工业化生产。通过控制溶胶的浓度、黏度、提拉速度等，可方便地调节膜层厚度。采用多次浸渍—提拉的方法，可制备厚度更大、结构更均匀的多层膜。

浸渍提拉法在制备 TiO_2、SiO_2、Al_2O_3 等金属氧化物薄膜方面得到了广泛应用。如采用钛酸四丁酯为前驱体、无水乙醇为溶剂、适量的水和盐酸为催化剂，可制备出厚度为 50～500 nm、平整致密的 TiO_2 薄膜，在光催化、气敏传感、染料敏化太阳能电池等领域具有广阔的应用前景。采用正硅酸乙酯（TEOS）为前驱体、无水乙醇为溶剂、氨水为催化剂、可制备出孔径分布均一、比表面积高达 1000 m^2/g 的介孔 SiO_2 薄膜，可用于隔热、吸附、催化载体等领域。将 Al、Si、Zr、Ti 等金属醇盐复配形成溶胶，还可制备出多组分陶瓷膜，如 $LaYO_3$、$BaZrO_3$、$PbTiO_3$ 等，拓展了溶胶—凝胶法的应用范围。

2. 旋涂法（spin-coating）

旋涂法是利用旋转涂覆的方式在基底表面制备溶胶薄膜的方法。其基本过程为：将基底固定在旋转装置上，滴加适量溶胶于基底表面；启动旋转装置，在离心力作用下使溶胶均匀铺展，形成液膜；经溶剂挥发、凝胶化、干燥和焙烧，得到氧化物薄膜。旋涂法具有成膜速度快、膜厚均匀可控等特点，特别适合制备超薄（＜100 nm）、大面积的氧化物膜。通过控制溶胶的浓度、黏度以及旋涂转速、时间等参数，可精确调控膜层的厚度和均匀性。

旋涂法在微电子、光电子领域得到了广泛应用，如用于制备高介电常数的 HfO_2、ZrO_2 栅介质薄膜，飞秒响应的非线性光学 TiO_2 波导薄膜等。采用多次旋涂、不同转速的组合，还可方便地制备多层异质结构膜，如 ZnO/TiO_2 纳米管阵列异质结光催化膜、Fe_2O_3/ZnO 纳米棒阵列异质结气敏传感膜等，极大地拓展了旋涂溶胶—凝胶膜的功能和应用范围。此外，将纳米颗粒、量子点等纳米材料引入溶胶体系，通过旋涂还可制备出多种无机/有机纳米复合薄膜，进一步丰富了膜材料的微观结构和性能。

3. 喷雾热分解法（spray-pyrolysis）

喷雾热分解法是将溶胶雾化成微米级液滴，并在加热基底表面热分解沉积形成氧化物薄膜的方法。其基本过程为：将金属盐溶液用雾化器（如超声雾化器）雾化成微细液滴，并随载气（如空气、氮气）吹向加热至 200～500 ℃ 的基底表面；液滴中的溶剂在基底表面快速挥发，金属盐则发生热分解反应生成金属氧化物，并沉积在基底表面形成薄膜；通过调节溶液浓度、雾化时间等参数，可控制膜层的厚度和致密程度。与浸渍提拉法、旋涂法相比，喷雾热分解法具有成膜速度快、组分易于掺杂、适合大面积制备等优点。通过改变喷嘴的运动方式，还可在曲面、多孔等复杂基体表面制备高质量的氧化物薄膜。

四、电泳沉积法

电泳沉积法（EPD）是一种利用电场作用，将带电粒子从悬浮液中沉积到导电基底上，形成致密薄膜的方法。与溶胶—凝胶法、物理气相沉积等方法相比，EPD 法具有设备简单、操作方便、基材适用性广、沉积速率高等优点，特别适合在复杂形状基底上制备大面积、均质致密的无机膜材料。自 20 世纪 40 年代首次用于陶瓷涂层制备以来，EPD 法在固体氧化物燃料电池电解质膜、锂离子电池隔膜、水处理膜等领域得到了广泛应用，已发展成为一种重要的无机膜制备技术。

（一）基本原理

EPD过程是一个复杂的多步骤过程，涉及悬浮液的制备、粒子在电场中的迁移、粒子在基底上的沉积、沉积层的致密化等多个物理化学过程。尽管不同体系的EPD过程存在差异，但基本原理可归纳如下。

1.悬浮液的制备

EPD悬浮液由分散介质、陶瓷颗粒、分散剂、电解质等组成。分散介质通常选择水、醇类等极性溶剂，以保证悬浮液的分散稳定性和电导率。陶瓷颗粒是EPD过程的主角，通过调控颗粒的种类、尺寸、形貌可获得不同结构和性能的膜层。在陶瓷颗粒表面引入合适的分散剂，利用静电斥力或空间位阻效应，可有效抑制颗粒团聚，提高悬浮液的分散稳定性。电解质的加入，一方面可提高悬浮液的电导率，加速粒子泳动；另一方面还可诱导粒子表面吸附离子，调控其表面电荷。总之，悬浮液的组成和性质对EPD过程及其沉积膜层的结构与性能有着决定性影响。

2.粒子在电场中的迁移

在外加电场的作用下，悬浮液中带电粒子受到静电力的驱动，向相反电性的电极运动。根据Hückel方程，球形粒子的静电泳动速度（v）与电场强度（E）、粒子Zeta电位（ζ）、悬浮液电导率（D）的关系为

$$v = (2\varepsilon\zeta / 3\eta) E$$

式中：ε为介电常数，η为黏度。

可见，提高电场强度、Zeta电位和降低悬浮液黏度都有助于提高粒子的泳动速度，加快EPD过程。但过高的泳动速度也可能引起粒子在电极表面的无序堆积，导致沉积层疏松多孔。因此，优化电场强度和悬浮液性质对于获得高质量EPD膜至关重要。此外，粒子在电场中的迁移还受到重力、浮力、黏滞力等的影响，特别是对于纳米颗粒，布朗运动引起的随机扩散也不可忽视。只有协同优化电场、粒子、悬浮液等因素，才能实现粒子泳动行为的精确调控。

3.粒子在基底上的沉积

泳动到电极表面的粒子在范德华力、静电力等的作用下，逐步沉积并堆积形成致密的膜层。沉积过程主要取决于粒子在基底上的初始沉积行为和已沉积粒子层的电荷屏蔽效应。通常，已沉积的粒子层会产生与外加电场相反的屏蔽电场，阻碍后续粒子的进一步沉积，导致沉积终止。因此，EPD过程存在一个最大沉积厚度。通过优化电场强度、沉积时间等，可获得兼备厚度和致密度的膜层。值得注意的是，沉积过程伴随着悬浮液电解、基底腐蚀、H_2/O_2气泡析出等副反应，会显著影响沉积层的结构完整性。采用脉冲电流、周期性反转电场、三电极体系等措施，可在一定程度上抑制副反应，改善膜层质量。

4.沉积层的致密化

新沉积的膜层中通常含有大量溶剂分子，颗粒间结合力较弱，因此需经干燥、烧结等致密化处理，实现颗粒间的烧结固结和有机物的彻底去除，最终获得无机陶瓷致密膜。致密化

过程的关键在于合理设计热处理制度（如升温速率、烧结温度和保温时间等），在达到预期致密度的同时，避免因烧结温度过高或保温时间过长引起的膜层开裂、基底扭曲等问题。值得注意的是，纳米颗粒由于比表面积大、烧结活性高，在较低温度下就可实现致密化，有利于降低热应力、抑制界面反应，制备出结构均一、界面清晰的复合膜。

（二）影响因素

EPD过程涉及诸多物理化学因素，如悬浮液组成与性质、电场性质、电极材料与形貌、沉积时间与温度等，这些因素共同决定了EPD过程的行为特征和沉积膜层的结构、形貌与性能。系统认识和优化控制这些因素，是获得高质量EPD膜的关键。

1. 悬浮液因素

悬浮液的组成与性质是影响EPD过程的决定性因素。分散介质的种类和性质直接影响悬浮液的分散稳定性、电导率和黏度等，进而影响粒子的泳动行为和沉积状态。醇类介质的低黏度有利于提高泳动速度，而水系介质的高电导率则有利于降低沉积过程的能耗。两者适当混合，可兼顾粒子泳动和电解质电离的需求。此外，分散介质的化学性质还会影响悬浮液的酸碱度和粒子的表面电荷状态，因此需根据陶瓷颗粒的类型进行针对性选择。

粉体颗粒的特性，如组成、尺寸、形貌、表面化学性质等，是影响EPD膜微观结构的关键因素。纳米颗粒比表面积大、表面能高，更容易吸附分散剂分子，形成稳定均一的悬浮体系，因此更有利于获得致密均质的沉积膜层。颗粒形貌的各向异性会导致泳动行为和堆积方式的差异，进而影响膜层的微观结构。例如，片状颗粒在电场驱使下倾向于平行基底表面沉积，有利于形成取向排列的层状结构；而纤维状颗粒则倾向于垂直基底沉积，形成蓬松多孔的三维网络结构。

分散剂的种类和用量对于悬浮液的分散稳定性具有决定性作用。引入合适的分散剂，利用空间位阻和静电排斥，可有效抑制颗粒团聚，获得均一稳定的悬浮体系。聚合物分散剂（如PVB、PVP等）可通过大分子链的缠结和包覆，提供足够的空间位阻；而离子型分散剂（如PAAM、PAA等）则可通过静电吸附，改变颗粒表面电荷性质，诱导颗粒间的斥力作用。过量的分散剂反而会引起颗粒的再团聚和沉降，导致悬浮液不稳定。因此，需优化分散剂用量，实现颗粒分散和团聚的动态平衡。

电解质的加入对于悬浮液的电导率和粒子表面电荷有显著影响。常见的电解质有无机盐（如NaCl、LiCl等）、有机酸碱（如乙酸、氨水等）。电解质浓度越高，悬浮液电导率越大，粒子泳动速度越快，沉积效率越高。但过量的电解质会压缩双电层厚度，降低Zeta电位，引起颗粒团聚。此外，电解质在水解、电离过程中还会引入特定的酸碱度环境，进而影响颗粒的表面电荷性质。因此，悬浮液的pH调控对于粒子表面电性和分散稳定性至关重要。通过Zeta电位分析，可优选颗粒的等电点，调控悬浮液pH，获得高Zeta电位和最佳分散状态。

2. 电场因素

施加电场是EPD过程的根本驱动力，其特性直接决定了沉积过程的速率和均匀性。电场强度通常是影响EPD过程的最主要参数。电场强度越大，粒子泳动速度越快，沉积效率越高。但过高电场强度也可能引起电解质的析出、气泡的产生等副反应，干扰正常的沉积过程。此外，不均匀的电场分布还会导致膜层厚度不均匀。因此，优化电场强度和均匀性对于提高沉积速率和膜层质量至关重要。采用辅助电极、多电极阵列等措施，可有效改善电场分布的均匀性。

施加电场的方式和时间特性也会显著影响EPD过程。传统的恒定电场EPD易引起电荷屏蔽效应，限制膜层的最大沉积厚度。采用脉冲电场EPD，利用电场的周期性变化，可有效缓解电荷屏蔽，显著提高临界沉积厚度。合理设计脉冲电压的波形、频率、占空比等参数，可在抑制副反应的同时，实现膜层厚度和致密度的同步提升。类似地，周期性反转电场也可通过电场极性的动态调控，削弱屏蔽电场，延长有效沉积时间。值得注意的是，延长沉积时间虽然有利于提高膜层厚度，但过长时间也可能引起粒子的脱附和再分散，导致膜层结构疏松。因此，需权衡膜层厚度与致密度，优化沉积时间。

3. 电极因素

EPD过程的电极材料和形貌对于沉积行为和膜层结构有重要影响。阴极材料需具备足够的导电性、化学稳定性和与沉积层的相容性。常见的阴极材料有不锈钢、镍、铂等金属，以及导电玻璃、导电陶瓷等。阴极表面形貌的粗糙度直接影响着沉积层的均匀性和致密度。过于粗糙的表面会引起电场分布不均，导致膜层产生缺陷；而过于光滑的表面则不利于粒子的"钉固"，容易引起膜层开裂、脱落。因此，通过机械抛光、化学腐蚀等方法适度调控阴极表面形貌，对于改善EPD膜质量大有裨益。

阳极材料的选择主要考虑其化学惰性和电化学稳定性。石墨、铂金属等惰性材料是常用的阳极。但在水系悬浮液中，阳极表面易发生析氧反应，产生气泡。因此，采用多孔隔膜阳极、流动电解质等措施，可有效抑制气泡的产生和释放，维持阳极表面的稳定性。值得注意的是，阳极和阴极的几何结构和排列方式会显著影响电场分布的均匀性。平行电极虽然结构简单，但容易在阴极边缘产生较强的电场，导致沉积不均。而同心圆电极、网状电极等异形结构，则有利于获得均匀的电场分布和沉积膜层。

综上所述，EPD法是一种简单、通用、可控的无机膜制备技术，通过悬浮液组成与性质、电场特性、电极材料与结构等因素的优化调控，可在不同基底表面沉积出厚度均一、结构致密、与基体结合牢固的无机膜层。与其他制膜方法相比，EPD法具有设备简单、成本低廉、制备效率高等突出优势，特别适合于异形基底表面大面积制备高性能陶瓷膜。近年来，EPD技术在能源、环保、生物医学等领域得到了广泛应用，极大地推动了相关膜过程的发展。

然而，EPD法在基础理论和关键技术方面仍存在诸多问题，亟待深入研究和解决。如悬浮液稳定性的长期维持、沉积过程中电泳动力学行为的精确描述、纳米颗粒在电场驱动下的定向组装、基底与沉积层间结合力的提高等，都是限制EPD技术进一步发展的瓶颈问题。此外，如何在EPD过程中引入复合、掺杂、表面修饰等手段，精确调控膜层的化学组成和微观结构，进而优化其物化性质和功能特性，也是今后EPD基础研究需重点关注的方向。

在应用技术方面，虽然EPD法已在燃料电池、电池隔膜、光催化膜等领域取得了一定进展，但要真正实现工业化生产和规模化应用，还需在诸多方面进行工艺优化和技术创新。如何建立稳定可控的悬浮液供给系统？如何优化电极设计以获得大面积均质膜层？如何实现连续化、自动化EPD制备？如何有效抑制缺陷、裂纹等常见问题？这些都是EPD技术产业化进程中亟须攻克的难题。只有通过产学研用的密切结合，围绕核心应用开展针对性研究，加强基础理论指导下的关键技术创新，EPD法才能真正成为一种成熟、先进的无机膜制备技术，在膜分离、能量转换与存储、生物医学工程等领域发挥更大的作用。

面向未来，EPD技术的发展空间和应用前景不可限量。通过与其他先进制造技术的交叉融合，有望突破常规EPD法的局限，实现膜结构和功能的精准设计与可控制备。例如，将EPD与3D打印技术相结合，通过逐层沉积不同组分和结构的陶瓷层，可构筑出具有梯度、多级孔结构的功能陶瓷膜，在能量存储与转换、生物医学工程等领域具有巨大的应用潜力。又如，将EPD与表面微纳加工技术相结合，通过在膜层表面引入特定图案化结构，可显著提高其比表面积和反应活性位，在光催化、电催化等领域展现出诱人的应用前景。

总之，EPD技术作为一种独特的无机膜制备方法，其原理简单、适用范围广、可控性强的特点已得到越来越多的认可和重视。纵观其发展历程，EPD技术经历了从实验室研究到中试放大，再到产业化应用的不同阶段，展现出了强大的生命力。未来，随着基础理论研究的持续深入和关键技术的不断突破，EPD法有望在新材料、新能源、生命科学等诸多领域得到更加广泛的应用，成为膜材料制备领域一种不可或缺的核心技术。作为EPD领域的研究者，我们要立足科学前沿，紧密围绕国家重大需求，加强学科交叉融合，在夯实基础研究的同时大力推进成果转化和产业化进程，使EPD技术真正成为造福人类社会的先进制造技术，为我国高端膜材料的创新发展和技术自立自强做出应有的贡献。

第三章　膜分离技术

第一节　反渗透技术

反渗透（reverse osmosis，RO）技术是一种以压力差为驱动力，利用半透膜对溶液中溶质和溶剂的选择性渗透作用，实现溶质与溶剂分离的膜分离过程。作为目前应用最广泛、最成熟的膜分离技术之一，RO在海水淡化、苦咸水脱盐、废水深度处理、食品澄清浓缩等领域发挥着不可替代的作用。本节将从基本原理和典型流程两个方面，系统阐述RO技术的基础知识，以期为读者全面理解RO过程奠定基础。

一、基本原理与流程

（一）渗透与反渗透

RO技术的基本原理源于渗透现象。当将浓度不同的两种溶液用半透膜隔开时，溶剂分子会自发地从稀溶液一侧透过半透膜迁移至浓溶液一侧，直至两侧溶液的化学势达到平衡。这种溶剂分子定向迁移的现象称为渗透。在渗透过程中，稀溶液一侧的液面高度会逐渐下降，而浓溶液一侧的液面高度不断上升，直至两侧液面高度差达到一定值时，渗透过程达到平衡。此时，该液面高度差对应的静水压力称为渗透压（π），其大小与溶液浓度、温度等状态参数有关。对于理想稀溶液，渗透压可用范特霍夫方程（Van't Hoff equation）描述：

$$\pi = icRT$$

式中：i为范特霍夫因子，反映溶质的电离度；c为溶质摩尔浓度（mol / L）；R为理想气体常数；T为绝对温度（K）。

与渗透过程相反，若在浓溶液一侧施加一个大于渗透压的外加压力，溶剂分子就会逆浓度梯度方向透过半透膜，从浓溶液一侧迁移至稀溶液一侧，这一过程称为反渗透。RO膜的基本分离机制正是基于这种反渗透现象。RO膜对水和盐具有选择透过性，在压力驱动下，水分子可优先透过RO膜，而盐离子等溶质大部分滞留在浓溶液一侧，从而实现溶液的脱盐纯化。值得注意的是，RO过程能否顺利进行的关键在于操作压力能否克服溶液的渗透压。当操作压力小于渗透压时，体系仍以正渗透为主；只有当操作压力超过渗透压时，RO过程才能稳定进行。因此，进料溶液的渗透压是决定RO装置设计和运行的关键参数。

（二）溶解—扩散机制

RO膜对水和盐的选择透过性主要源于其独特的分子结构和传质机制。与常规的多孔膜不同，RO膜属于致密型非多孔膜，其有效孔径小于 1 nm，接近水分子的动力学直径（约为 0.278 nm）。因此，RO膜的分离机制并非简单的物理筛分，而主要基于溶解—扩散（solution-diffusion）机制。溶解—扩散机制认为，渗透物质（水和盐）并非通过膜上预先存在的物理孔道，而是以溶解态的形式在膜基体中传递，其传递通量取决于渗透物质在膜中的溶解度（solubility）和扩散系数（diffusivity）。具体而言，溶解—扩散过程可分为三个基元步骤。

1. 渗透物质在膜表的溶解

压力驱动下，进料液中的水分子和盐离子吸附并溶解进入膜的表层，形成溶解于膜基体的流体相，浓度高于进料液本体。

2. 渗透物质在膜基体中的扩散

溶解于膜基体的水分子和盐离子在浓度梯度和压差的驱动下，不断向膜的下游侧扩散迁移，实现跨膜传质。

3. 渗透物质在透过侧的解吸

扩散至膜透过侧表面的水分子和盐离子从膜相中解吸并进入透过液本体，完成跨膜传递过程。

对于致密的RO膜，由于膜基体分子链排列紧密，自由体积（即分子链间的空隙区域）相对较小且分布随机。因此，小分子如水分子在膜中的溶解度和扩散系数远大于盐离子等较大的溶质，表现出较强的优先渗透性。同时，由于水合离子半径远大于水分子，因此即便盐离子在膜中达到一定的溶解度，其扩散系数也必然远低于水，很难透过致密的RO膜，从而被有效截留。以海水淡化为例，典型海水的盐（以NaCl计）浓度约为35000 mg/L，而RO膜的盐截留率可超过99.8%，产出水中盐的浓度可低至70 mg/L，大大低于饮用水标准（1000 mg/L）。

基于溶解—扩散机制，影响RO膜分离性能的因素主要包括膜材料的化学结构、物理形态以及操作条件等。就膜材料而言，增大膜基体的疏水性、减小自由体积尺寸、提高分子链刚性和交联度等，均有助于提高RO膜对盐的截留能力。如采用全芳香族聚酰胺为活性层的RO复合膜，NaCl截留率超过99.8%，显著高于脂肪族酰胺RO膜（约为98%）。就操作条件而言，提高操作压力可有效提高水通量和盐截留率；但压力过高又可能引起膜的压实变形，导致性能下降。此外，进料温度、pH、预处理方式等也会显著影响RO过程的分离性能和能耗。因此，RO系统的设计和运行需要在进料水质、能耗、水回收率、产水水质等多个目标之间进行平衡优化。

（三）典型流程

典型的RO系统主要由预处理单元、高压泵、RO膜组件、压力能量回收装置等关键单元组成。工业化RO装置的设计需综合考虑进料溶液水质、产水规模、能耗成本、设备占地等多方面因素，因地制宜地选择合适的工艺流程和设备配置。下面以苦咸水淡化和海水淡化为例，简要介绍RO系统的典型流程。

1.苦咸水淡化

苦咸水是指矿化度（TDS）在1000～10000 mg／L范围内的地表水或地下水，主要成分为Ca^{2+}、Mg^{2+}、Na^+、Cl^-、SO_4^{2-}等无机盐离子。与海水相比，苦咸水的矿化度和渗透压相对较低，采用RO技术淡化更加经济高效。典型的苦咸水RO淡化流程如下。

（1）预处理

采用混凝、沉淀／澄清、精密过滤（MF／UF）等常规水处理工艺，去除原水中的悬浮物、胶体、溶解性有机物等杂质，并加入还原剂、阻垢剂，抑制RO膜的氧化和结垢。

（2）增压

预处理后的原水由高压泵增压至1.0～1.5 MPa，克服苦咸水的渗透压（0.7～1.0 MPa），维持RO过程稳定运行。

（3）RO分离

高压原水进入卷式或中空纤维RO膜组件，在压差驱动下，水分子优先透过RO膜，而无机盐等杂质则被截留在浓水侧，实现淡水和浓缩水的分离。商用苦咸水RO膜的脱盐率一般可达96%～98%，单级回收率可达75%～5%。

（4）能量回收

RO浓水在排放前，其压力能量可通过能量回收装置（如透平、定子转子式交换机等）回收并用于原水增压，从而降低系统的整体能耗。

（5）后处理

RO透过水中残留的少量盐分可通过混床离子交换等工艺进一步去除。同时，加入少量矿物质调节水质，确保产水达到饮用水标准。

2.海水淡化

海水的矿化度通常高达35000 mg／L以上，渗透压可达2.5～3.0 MPa，淡化难度大、能耗高。采用RO技术淡化海水，需在苦咸水淡化流程的基础上进行适当的工艺强化和优化，主要包括：

（1）预处理

在常规预处理的基础上，进一步强化絮凝、混凝和精密过滤等工艺，去除海水中的胶体、悬浮物和溶解性有机物，确保污染指数（SDI）＜3；加入还原剂，抑制RO膜的氧化降解；投加阻垢剂，抑制碳酸钙等结垢物的生成。

（2）增压

采用高效能量回收装置（如等压交换机、定子转子等）替代透平装置，实现RO浓水压力能量的高效回收利用（回收率可达95%以上），从而将系统进水压力降至6.0～7.0 MPa。

（3）RO分离

采用抗压性更强、脱盐率更高的苦咸水RO膜，实现海水中无机盐的高效脱除。商用海水RO膜的NaCl截留率可达99.7%～99.8%，产水TDS可低至500 mg／L以下，基本满足饮用水标准。海水RO系统通常采用二级串联流程，一级回收率控制在45%～50%，二级回收率可达35%~40%，系统总回收率可达60%~65%，可最大限度地减少浓水排放。

（4）后处理

海水RO透过水的pH通常较低（5.5~6.5），矿化度很低，因此需通过石灰石滤池、混床等工艺进行pH调节和矿化，使产水达到饮用水标准。同时，加氯消毒，确保产水的微生物安全性。

结合苦咸水淡化和海水淡化的典型流程可以看出，RO系统的设计和运行需要针对不同进水水质，综合考虑产水规模、能耗成本、工艺可靠性等多方面因素，优化RO膜材料、流程配置和运行参数，从而实现高效、经济、安全的淡化目标。而RO预处理和能量回收作为影响RO系统性能和成本的关键环节，必然是今后RO技术创新的重点方向。此外，高性能RO膜材料的开发、抗污染运行技术的优化等，也是进一步提升RO技术竞争力不可或缺的环节。相信经过科研人员和工程技术人员的不懈努力，RO技术在饮用水安全、水资源高效利用等方面必将发挥更大的作用。

二、RO膜的特性

RO膜作为RO过程的核心部件，其性能的优劣直接决定了RO过程的分离效率、能耗水平和运行稳定性。RO膜需要在高抗压性、高选择透过性、低能耗和长寿命等方面同时满足苛刻要求，这对RO膜材料的化学结构、物理形态乃至宏观构型提出了极高的挑战。本节将从化学结构、多层复合结构、表面特性、元件构型等方面，系统阐述RO膜的关键特性，揭示特性与性能间的内在关联，以期为RO膜的结构设计和性能优化提供理论指导。

（一）化学结构特性

RO膜的化学结构是影响其分离性能的决定性因素。基于溶解—扩散机制，理想的RO膜应具备两个关键特征：一是对水和盐具有尽可能大的溶解度差和扩散系数差，以实现水盐高选择分离；二是对水具有足够高的溶解度和扩散系数，以获得高的水通量。这就要求RO膜基体材料必须在亲水性、自由体积和链段柔韧性等方面实现最佳平衡。就当前商用RO膜而言，其活性层材料主要包括醋酸纤维素（CA）、芳香族聚酰胺（PA）和全芳香族聚酰胺（FPA）三大类。

CA是一类半天然高分子材料，由天然纤维素经部分乙酰化改性制得。CA分子链上含有大量的羟基和乙酰基，亲水性强，因此对水具有很高的溶解度，有利于获得较高的水通量。但也正是由于这些基团的存在，CA的结晶度和分子链刚性较差，在溶胀状态下的自由体积较大，因此对NaCl等无机盐的截留率相对较低，同时抗氯和耐压性也有待提高。目前商用CA膜的NaCl截留率一般在92%~95%，适用压力低于4.0 MPa，使用寿命在3~5年。

PA是目前应用最广泛的RO膜材料之一，由脂肪族二元胺与芳香族三元酰氯通过界面缩聚反应制得。一方面，引入刚性的间/对苯环结构，显著提高了分子链的刚性，减小了膜基体的自由体积，从而大幅提升了对NaCl的截留能力。另一方面，分子链刚性的提高，在一定程度上牺牲了分子链的迁移自由度，导致水分子在PA基体中的扩散系数降低。同时，苯环结构的疏水特性也使PA膜的亲水性不及CA膜。综合而言，PA膜在高截盐性和高通量间实现了更好的平衡。商用PA膜的NaCl截留率可达98%～99%，适用压力范围为5～6 MPa，使用寿命可达5～8年。但PA分子链上仍含有少量脂肪族亚甲基，在氯环境中容易发生降解，因此耐氯性有待进一步提高。

FPA可视为PA的一种改进型材料，由全芳香族二元胺与三元酰氯缩聚而成。相比PA，FPA分子结构中脂肪族亚甲基被苯环完全取代，使分子链的刚性和疏水性进一步增强，因此FPA膜表现出了更高的抗氯性和抗压性。同时，分子链间的π—π堆积和分子内氢键作用也更强，因此自由体积更小，截盐性能进一步提升。目前商品化的FPA膜，如陶氏FILMTEC™ SW30XLE膜，其NaCl截留率高达99.85%，适用压力可达8.0 MPa，使用寿命超过10年。但FPA膜的高选择性在一定程度上以牺牲水通量为代价，这主要是因为分子链的超刚性和疏水性不利于水分子在膜基体中的溶解和扩散。因此，如何在保证超高截盐性的基础上，通过引入亲水基团、构筑纳米级分离通道等分子设计手段，进一步提高FPA膜的水通量，是当前RO膜材料领域的研究热点之一。

除了这三类主流材料外，其他一些高分子材料如聚砜类、聚碳酸酯类、聚吡咯类等，由于在耐氯性、亲水疏盐性、化学稳定性等某些方面的独特优势，也成为RO膜材料研究的重要选择。此外，将无机纳米材料引入高分子基体，制备无机/有机杂化RO膜，也是近年来的一个研究热点。通过分子级复合，既能发挥无机材料的高机械强度、高热稳定性和高抗菌/抗污染性等优点，又能保留有机高分子的柔韧性和成膜性，从而实现传统RO膜难以企及的性能提升。然而，无机纳米材料在高分子基体中的均匀分散和界面相容问题仍有待攻克。

（二）多层复合结构特性

早期的RO膜主要为单层均质结构，如Loeb-Sourirajan型CA膜，存在通量低、机械强度差等局限性。现代RO膜普遍采用非对称复合结构，即在多孔支撑膜上复合一层超薄致密的活性分离层（一般 < 200 nm）。这种"以疏支致、以致分疏"的层状结构，可在保证高选择性的同时最大限度地降低传质阻力，从而在截盐率、水通量和机械强度等方面实现最优平衡。就商品化RO膜而言，其复合结构一般由制备工艺和厚度各异的若干功能层构成。

1. 支撑层

位于复合膜最底部，厚度一般在100～200 μm，起到机械支撑和传质通道的作用。支撑层多采用聚砜（PSF）、聚醚砜（PES）等热塑性高分子，通过非溶剂诱导相分离法（NIPS）制备而成。所得膜呈现出表面致密、内部指状大孔、底部海绵状小孔的非对称多孔结构，在提供足够机械强度的同时，保证了水和盐的高通量。但支撑层表面的致密皮层对活性层的渗透性能有一定的负面影响，因此需要对其进行适度改性。

2. 过渡层

复合在支撑层表面，由亲水性高分子（如PVA、PVP等）涂覆而成，厚度通常在10～50 μm。一方面，过渡层可填充并平整支撑层表面的大孔隙，为后续活性层的界面聚合提供均一、致密的反应界面；另一方面，亲水性过渡层有助于提高支撑层表面的亲水性，增强其与活性层间的相容性，提高复合膜的渗透性和稳定性。

3.活性层

直接负责水和盐的高选择分离，是复合RO膜的核心功能层，厚度一般低于200 nm。活性层主要采用界面聚合法在过渡层表面原位生成，所得聚酰胺层呈现出表面粗糙、凸凹有序的"山脊—山谷"结构。这种特殊形貌一方面显著增大了活性层的有效面积，提高了水通量；另一方面赋予了活性层优异的抗压缩性能，在高压差驱动下仍能保持稳定的超薄致密结构。

4.保护层

复合在活性层表面，由亲水性高分子超薄层或亲水性表面改性涂层构成，厚度通常低于100 nm。保护层的主要作用是提高活性层表面的亲水性和平滑度，进一步增强复合膜的抗污染能力和氯耐受性。超亲水性保护层可显著降低膜表面与污染物间的相互作用力，减少污染物在膜表面的吸附积累倾向。而平滑的表面形貌有利于减小局部的流体扰动，抑制颗粒污染物的沉积。

综上所述，层状结构的巧妙设计和复合是现代RO膜得以同时实现超高性能和超长寿命的关键所在。支撑层、过渡层、活性层、保护层各司其职、优势互补，共同造就了兼具高选择性、高通量、高强度、高稳定性的RO复合膜。未来，随着对各功能层结构与性能关系的进一步理解和表征手段的进一步完善，有望在分子水平、纳米水平上实现对RO复合膜结构的精准设计，最终突破传统RO膜在脱盐率、抗污染、能耗等方面的瓶颈。

（三）表面特性

RO膜的表面特性主要包括形貌结构、亲水性／电荷性质等，直接影响其分离性能和抗污染性能。就形貌结构而言，具有适度粗糙度的膜表面相比光滑表面具有更大的有效渗透面积，更有利于提高水通量。但粗糙度过高则会加剧浓差极化现象，引起水通量和脱盐率下降。此外，过于粗糙的表面还易于污染物的吸附积累，加速膜污染的发生。因此，RO膜表面形貌的优化是兼顾高通量和低污染的关键。利用原子力显微镜（AFM）对商品化RO膜的表征发现，海水淡化RO膜的表面粗糙度（Ra）一般控制在50～100 nm，而苦咸水淡化RO膜的Ra值相对更大（80～200 nm），这主要是出于抗污染和高通量的平衡考虑。

就表面化学性质而言，亲水性和电荷特性是影响RO膜分离性能和抗污染能力的两个关键参数。商品化RO膜表面大多呈弱酸性，等电点在pH 4～5附近，这主要是由于制备过程中酰氯基团发生部分水解，在表面引入了游离羧基。在中性或碱性条件下使用时，RO膜表面带负电性，因此对同种电荷的污染物（如胶体、细菌等）有较强的斥力作用，表现出一定的抗污染能力，但膜表面的过度负电性也会加剧对Ca^{2+}、Mg^{2+}等二价阳离子的吸附倾向，引起无机盐类污染物的聚集。因此，RO膜表面电荷的优化对其抗污染性能至关重要。

膜表面亲水性对其抗污染能力和水通量有直接影响。亲水表面极性基团和结合水分子层的存在，不仅能通过位阻效应抑制疏水性污染物的吸附，还能显著降低水分子在膜表面的传质阻力。相比之下，疏水表面易于疏水性污染物（如石油类、蛋白质等）的吸附积累，且水分子在其表面的浓度极化更加严重，导致膜通量快速下降。目前，提高RO膜表面亲水性的改性策略主要包括接枝亲水性高分子刷、涂覆亲水性纳米涂层（如氧化石墨烯、二氧化硅等）、引入亲水性无机纳米粒子（如TiO_2、SiO_2等）等。例如，采用等离子接枝聚乙二醇的方法，可使FPA膜的水接触角从85°降到25°以下，吸附量也降低了80%以上。

此外，通过仿生构筑多级粗糙结构和超疏水表面，也可显著提高RO膜的抗污染能力。如模仿鲨鱼皮肤和荷叶表面的多级微纳米结构，利用等离子刻蚀、溶剂蒸发诱导相分离等方法，在FPA膜表面构筑具有纳—微—宏多尺度粗糙结构的超疏水表面（水接触角 > 150°），污染物在其表面呈准悬浮状态，在水流冲刷下易于脱离和滚动，最终获得了优异的防污／自清洁RO膜。然而，超疏水改性虽然能显著提高RO膜的抗污染能力，但也不可避免地带来亲水性和水通量的下降。因此，如何实现疏水防污和亲水透水性能的最佳平衡与耦合，是今后仿生防污膜研究应当关注的问题。

（四）元件构型

RO膜元件是将膜材料制成具有一定几何构型和尺寸的膜组件，是实现高通量连续化分离的基本单元。RO膜元件的构型设计不仅直接决定了其分离性能、能耗特性和运行稳定性，也关系到系统投资和集成化装置的工程可行性。目前，工业化应用的RO膜元件主要包括卷式、中空纤维式和管式三种类型。

1. 卷式RO膜元件

卷式RO膜元件是将片状平板膜卷绕在多孔中心集流管上，并在进料侧与透过侧之间设置导流网垫的一种圆柱形构型。进料从端部切向流入膜元件，在导流网垫形成的流道中呈螺旋流动，透过液从膜的内表面进入中心集流管并排出，浓缩液则从端部轴向流出。这种流道构型有利于对流传质，减轻浓差极化，在保证较高回收率（15%～17%）的同时，维持了较高的水通量[0.8～1.2 m³／（m²·d）]。此外，柔性导流网垫还赋予卷式膜元件一定的抗污染能力，在一定程度上延缓了膜污染的发生。

目前，卷式元件已成为RO工业应用的主流构型，尤其在海水淡化和苦咸水淡化领域占据了绝对优势。典型的8英寸❶卷式RO膜元件的有效膜面积可达37～41 m²，单元产水量超过30 m³／d，且多个膜元件可方便地通过端部法兰连接，实现高度集成化。然而，卷式构型在高回收率工况下极易发生膜污染和压降增大，不易清洗再生，同时对进水水质要求也较高（如SDI < 3，浊度 < 0.1 NTU等），因此其适用进水盐度一般不超过4.5万mg／L。

2. 中空纤维式RO膜元件

中空纤维式RO膜元件是将数千至数万根中空纤维膜丝密集封装在壳体内，利用管程和壳程间的压差实现分离的一种管式构型。进料一般从纤维内部（管程）轴向通入，透过液从纤维壁渗透至壳程并汇集排出，浓缩液则从纤维端部流出。相比卷式构型，中空纤维式RO

---

❶ 1 英寸 =2.54cm。

膜元件的膜充填密度更高（ $> 1000 \, m^2/m^3$ ），水力直径更小（中空纤维内径一般 $< 200 \, \mu m$ ），因此比表面积和传质系数更大，可在低操作压力下实现高通量和高脱盐率。同时，由于膜丝疏松充填、流体流动方向与膜丝平行，因此其抗污染能力和清洗再生性能明显优于卷式构型。

虽然中空纤维式RO膜在结构紧凑性、动力学性能等方面具有独特优势，但其集成装置的工程可行性仍面临着诸多挑战。主要问题在于：超细中空纤维膜丝的机械强度偏低，在高压差驱动下容易发生破损和渗漏；纤维端部或与壳体的密封也难以保证，容易出现密封失效引起的跑水和产水污染等问题；此外，中空纤维膜丝直径小导致进料侧的沿程压降大，因此更容易发生流体分配不均匀，引起局部浓差极化加剧和膜污染加速等问题。因此，中空纤维RO膜目前主要应用于小型化、便携式淡化装置，在苦咸水、微咸水淡化等领域有一定应用，但在大型海水淡化系统中的推广仍面临较大瓶颈。

3. 管式RO膜元件

管式RO膜元件主要将单管或多管陶瓷膜、不锈钢膜等装配在耐压壳体内，通过管程和壳程间的压差实现分离。这类元件的膜管内径较大（ $> 3 \, mm$ ），且内表面光滑，进料在其中的流速高、流态紊乱，因此浓差极化和膜污染问题最轻。管式RO膜元件主要用于处理高污染、高浓度的特种水源（如放射性废水、高硬度水等），在线清洗方便，运行稳定可靠，且可长期在 $120 \, ℃$ 以上的高温条件下连续使用。但管式构型的致命缺陷是膜面积充填密度低（ $< 300 \, m^2/m^3$ ），能耗和设备投资大，因此仅应用在少数对水质和运行稳定性要求极高的特殊领域。

综上所述，RO膜的化学结构、多层复合形态、表界面性质、元件构型等诸多特性环环相扣，共同决定了其分离性能、抗污染能力、机械强度、化学稳定性、能耗特征等的优劣。可以预见，随着对上述特性与性能关系认识的不断深入，RO膜的结构将更加复杂和精细化，在分子/原子尺度对高分子链构象、官能团排列，在纳米尺度对支撑层孔结构、活性层厚度，在微米—宏观尺度对元件流道构型、膜丝充填方式等进行更加精准和多层次的设计与优化，必将成为未来RO膜开发的主旋律。相信经过科研工作者和生产厂商的不懈努力，兼具超高脱盐率、超低能耗、超长寿命、超强抗污染力的新一代RO膜必将不断涌现，为海水淡化、废水资源化等领域注入新的活力，也必将在地球水危机治理、人类可持续发展的伟大事业中扮演更加重要的角色。

三、RO系统的操作与管理

RO系统的可靠运行和优化管理对于保证产水水质、提高水回收率、降低能耗成本、延长膜元件寿命等至关重要。RO系统的操作与管理涉及进水预处理、系统启停、运行参数监控、清洗消毒、运行优化、膜元件更换等诸多方面，需要操作人员根据进水水质、工艺要求、设备特性等因素，制定系统化的操作规程（SOP），并严格遵照执行。本节将重点阐述RO系统在进水预处理、启动操作、运行监控、化学清洗等主要环节的关键控制因素，以期为RO系统实现长周期稳定运行提供指导。

（一）进水预处理

RO系统的进水预处理是整个RO过程的第一道屏障，直接关系到系统的安全可靠运行。RO膜对悬浮颗粒、胶体、微生物、溶解性有机物等杂质极为敏感，这些杂质在RO膜表面的沉积、吸附和生物膜污染会导致膜通量的迅速下降、脱盐率恶化，严重时还会引起膜元件不可逆的损伤。因此，对RO进水实施针对性的预处理，去除潜在的污染物，控制SDI和浊度等至安全水平，是保证RO系统稳定运行的首要前提。

RO系统的预处理方法需根据原水水质特性、污染物类型、工程规模等因素综合确定。对于地表水、市政再生水等微污染原水，常规的预处理工艺，如混凝沉淀、砂滤、精密过滤等，通常已能满足RO进水水质要求（如SDI < 3、浊度 < 0.1 NTU等）。而对于海水、工业废水等高污染原水，则需在常规预处理基础上强化混凝、臭氧氧化、活性炭吸附等深度处理工艺，进一步去除胶体、溶解性有机物、藻类等顽固污染物。

在RO进水预处理过程中，加药调质也是确保水质稳定的重要手段。为抑制RO膜面结垢，通常需投加阻垢剂[如聚丙烯酸（PAAS）等]，与Ca^{2+}、CO_3^{2-}等结垢离子形成稳定的螯合物，延缓其成核、结晶进程。为抑制RO膜的微生物污染，需投加杀菌剂（如NaClO）灭活原水中的细菌、病毒等。但残余氯会对RO膜产生氧化降解作用，因此RO进水中游离氯浓度须控制在0.02 mg／L以下，必要时需用还原剂（如Na_2SO_3）除氯。为抑制重金属离子（如Fe^{3+}、Mn^{2+}等）的氧化沉淀，需投加螯合剂（如EDTA）或还原剂（如$FeSO_4$）。此外，调节进水pH值（如投加H_2SO_4、HCl）也是控制碳酸钙结垢和提高脱盐率的重要手段。总之，RO进水的加药调质需根据水质状况、污染特性和膜材料特性等因素系统设计，优选药剂种类和投加量，并实时监测药剂浓度，确保其稳定性和均匀性。

（二）启动操作

RO系统的启动操作涉及预冲洗、低压启动和高压运行等多个步骤，直接影响系统的出水水质、水量及运行稳定性。不当的启动操作会造成水锤效应、浓差极化加剧等问题，引起RO膜元件的损伤和污染。因此，严格遵循规范的启动程序，平稳提升操作压力，是确保RO系统安全平稳运行的关键。

在启动RO系统前，需对原水及预处理水质进行全面检测，确保各项指标满足设计要求。随后，应低压（0.5~1.0 MPa）冲洗RO系统10~30 min，排除管路和膜元件中的杂质、保存液，并检查管路、阀门、压力表等设备的密封性和灵敏性。冲洗结束后，缓慢开启高压泵，每隔1~2 min提升操作压力0.5 MPa，直至达到设计工作压力（一般为5.0~7.0 MPa）。压力提升过程中，应密切关注进水流量、浓水流量、产水流量、压力、电导率等关键参数的变化，发现异常应及时停机检查。系统运行初期，应将产水回流至原水箱，直至电导率等水质指标稳定达标后方可对外供水。整个启动过程须严格控制压力升高梯度不超过0.5 MPa／min，确保RO膜元件充分适应进水水质和运行压力，避免因瞬时冲击引起的不可逆压实或污染。

（三）运行监控

RO系统运行过程中的实时监控和趋势分析是及时发现和诊断性能故障的重要手段。主要监测指标包括产水量、浓水量、回收率、电导率、温度、压力、压差、pH等。运行初期，上述指标应每2h记录一次，运行稳定后可适当延长至4~8h记录一次。同时，应每日计算并记录单位产水量、浓水率、压差、水回收率等指标。若发现单位产水量明显下降（日下降率>10%）、压差显著升高（>20%）或产水电导率异常（> 10%）等，应判断为系统性能故障，及时停机检查并查明原因。

RO系统的产水量和脱盐率是评价系统性能的两个最重要指标。产水量的下降主要提示RO膜污染、结垢或压实的发生，需及时进行化学清洗或调整操作压力。产水电导率的升高则预示RO膜完整性破损或密封失效，需停机检漏维修。此外，温度和pH的波动也会显著影响RO膜性能。温度每升高1℃，RO膜通量将提高3%~5%，脱盐率则下降0.5%~1.0%。因此，温度的实时监控对准确评估RO系统的产水量和脱盐率至关重要。而pH值的监控则对控制结垢和优化脱盐率十分必要。碳酸钙结垢的溶解度随pH升高而降低，因此RO进水和浓水的pH值应控制在酸性范围（如5.5~6.5）。总之，只有通过实时监测和趋势分析，才能准确诊断RO系统的性能状况，优化运行方案，为系统的长周期稳定运行奠定基础。

（四）化学清洗

RO系统长期运行过程中不可避免地会发生膜污染和结垢，导致水通量下降和脱盐率恶化。当RO系统的水通量下降量累计超过15%~20%或脱盐率下降超过1%~2%时，需及时实施化学清洗（CIP），去除膜面污染物，恢复其分离性能。RO膜的化学清洗对药剂种类、浓度、温度、时间、流速等因素有严格要求，不当的清洗操作会对RO膜造成不可逆的化学损伤或污染加剧。因此，针对不同污染类型优选清洗液配方，优化清洗工艺参数，是提高清洗效果、延长RO膜使用寿命的关键。

针对无机盐类结垢（如$CaCO_3$、$CaSO_4$等），可采用酸洗液（如柠檬酸0.2%~2.0%、盐酸0.1%~0.5%等）在pH 4以下、温度35~45℃条件下循环清洗30~60 min。但酸洗易引起RO膜完整性破损，因此酸液pH不宜低于2，清洗时间不宜超过60 min。针对有机污染物（如胶体、蛋白质等），通常采用碱洗液（如NaOH 0.1%~0.5%）在pH 11~12、温度35~45℃条件下循环清洗30~60 min。但过高的pH和温度也会引起RO膜水解降解，因此碱洗时pH不宜超过12，温度不宜超过45℃。针对微生物污染（如细菌、真菌等），可采用杀菌剂（如戊二醛0.1%~0.5%、过氧乙酸0.1%~0.2%等）在pH 3~4、温度20~35℃条件下浸泡消毒30~120 min。但杀菌剂浓度过高或接触时间过长会引起RO膜的氧化降解，因此需严格控制杀菌剂浓度和作用时间。此外，$KMnO_4$（0.1%~0.5%）、EDTA（0.1%~0.5%）等也是RO膜清洗中常用的氧化剂和螯合剂，可有效去除膜面金属氧化物、有机硅垢等顽固污染物。

尽管化学清洗是恢复RO膜性能的有效手段，但频繁的清洗不仅会增加运行成本，也会缩短RO膜使用寿命。因此，加强RO系统运行管理，强化水质预处理，控制污染物来源，延长清洗周期，提高清洗效果，对于RO系统的长周期运行、膜元件的长效使用至关重要。只有通过原水预处理、启动操作、运行监控、化学清洗等各环节的系统优化，形成标准化的操作规程和应急预案，严格考核操作人员的规范意识和应急能力，才能保证RO系统安全、稳定、高效运行。可以预见，随着在线监测技术、大数据分析方法、智能控制策略的不断进步，RO系统的运行控制和故障诊断将更加精准高效，产水水量和水质也将更加稳定可靠。而这些进步最终都将转化为RO技术的环保效益和经济效益，为人类社会的可持续发展做出更大贡献。

第二节　超滤技术

一、超滤技术概述

超滤（ultrafiltration，UF）是一种介于反渗透（RO）与微滤（MF）之间的压力驱动膜分离技术。与RO相比，UF的操作压力更低（一般 < 0.5 MPa），截留分子量更大（一般为1~300 kDa）；与MF相比，UF的膜孔径更小（一般为2~100 nm），对溶液中的大分子、胶体和细菌等具有更高的截留能力。因此，UF在水处理、食品生物、医药分离等领域得到了广泛应用，展现出独特的技术优势和应用价值。

（一）分离机理

UF的分离机理主要基于膜对溶质分子的筛分作用。与MF类似，UF膜也具有非对称多孔结构，其表面致密层的孔径分布在纳米尺度，能有效阻截与膜孔径相当或更大的溶质分子，而让尺寸更小的溶剂分子和小分子溶质自由通过。因此，溶质分子的尺寸与膜孔径的相对大小，是决定其能否被UF膜截留的关键因素。

UF膜对溶质分子的截留性能通常用截留率（R，%）来表征，其定义为

$$R = (1 - C_p / C_f) \times 100\%$$

式中：C_p为透过液中溶质的浓度；C_f为进料液中溶质的浓度。

根据经典的费里（Ferry）方程，对于刚性球形颗粒，当溶质分子半径（r_s）与膜孔半径（r_p）之比大于0.2时，其截留率可表示为

$$R = [1 - 2(1 - r_s / r_p)^2 + (1 - r_s / r_p)^4] \times 100\%$$

可见，当$r_s / r_p \geq 1$时，$R = 100\%$，即溶质分子被完全截留；而当$r_s / r_p \leq 0.2$时，$R \approx 0$，即溶质分子可自由通过膜孔。因此，合理设计与目标溶质分子尺寸相匹配的膜孔径分布，是实现UF高选择分离的关键。

值得注意的是，费里方程仅适用于理想条件下的刚性球形颗粒。而实际UF过程中，高分子、胶体等溶质的形状多为柔性链状或不规则形貌，其在溶液中的空间构象还会随pH、离

子强度等因素发生动态变化。因此，基于溶质分子的斯托克斯（Stokes）半径、流体力学半径等当量球形概念，并结合"阻滞—筛分"动力学模型，才能更准确地预测 UF 膜对实际溶质体系的截留性能。

（二）传质机制

UF 过程的传质机制主要取决于操作压力和溶液性质等因素。一般而言，UF 既包括对流传质，也包括扩散传质。对流传质是指在压力驱动下，溶剂连同溶质一起向膜表面对流并穿过膜孔的过程，其特点是溶剂和自由溶质的迁移方向、速率一致。而扩散传质则是指在浓度梯度驱动下，溶质分子相对于溶剂分子发生迁移的过程，其特点是溶质的迁移方向、速率与溶剂不同。UF 的对流传质和扩散传质可分别用达西（Darrcy）定律和费克（Fick）定律描述：

对流通量：

$$J_v = L_p \left(\Delta P - \Delta \pi \right)$$

对扩散通量：

$$J_s = -D_s \left(dC_s / dx \right)$$

式中：J_v 为对流通量；L_p 为溶剂渗透系数；ΔP 为跨膜压差；$\Delta \pi$ 为渗透压差；J_s 为扩散通量；D_s 为溶质扩散系数；dC_s / dx 为溶质浓度梯度。

在实际 UF 过程中，对流传质和扩散传质会同时发生并相互影响。当操作压力较低时，对流传质相对较弱，扩散传质占主导，因此 UF 表现为浓度梯度驱动的分离过程，类似于纳滤；而当操作压力较高时，对流传质占绝对优势，溶质和溶剂无明显分离，此时 UF 近似为对流驱动的微滤过程。因此，优化操作压力，调控对流传质和扩散传质的相对强度，是实现高通量、高选择性 UF 分离的重要手段。

除压力和浓度梯度外，UF 的传质行为还受到溶质—膜相互作用力的显著影响。亲水性溶质与疏水性 UF 膜之间的疏水作用力，会导致溶质在膜表面的选择性吸附和富集，形成浓差极化层，阻碍溶剂和自由溶质的跨膜传递，降低 UF 的通量和选择性。同时，吸附在膜面上的溶质分子还会引发膜孔堵塞、凝胶层形成等不可逆污染，进一步恶化 UF 的分离性能。因此，调控溶质—膜界面的相互作用，增强膜表面的亲水性和抗污染性，对于维持 UF 的高通量、长周期稳定运行至关重要。

（三）膜材料与模块

UF 膜材料的选择需要综合考虑其化学稳定性、机械强度、亲水性/疏水性、生物相容性等多方面性能。目前应用最广泛的 UF 膜材料主要包括醋酸纤维素（CA）、聚砜（PSF）、聚醚砜（PES）、聚偏氟乙烯（PVDF）、聚丙烯（PP）、聚乙烯（PE）等。其中，CA 和 PES 膜因其优异的亲水性和成膜性，在水处理和生物医药领域得到了广泛应用；而 PVDF、PP 膜因其独特的疏水性和热稳定性，更适用于有机溶剂体系的分离和高温灭菌环境。值得注意的是，纯相高分子材料制备的 UF 膜通常存在机械强度不足、抗污染能力差等问题，而将无机纳米材料与高分子基体复合，则可显著改善 UF 膜的综合性能。如采用二氧化钛（TiO$_2$）、二氧化硅（SiO_2）、氧化铝（Al_2O_3）等无机纳米粒子改性PSF、PVDF基体，制备有机—无机杂化UF膜，不仅可提高其力学性能和热稳定性，还可赋予其优异的亲水性和光催化自清洁能力。因此，有机/无机复合UF膜材料的研发，已成为当前UF膜研究的热点方向之一。

UF膜的模块形式多样，主要包括板框式、卷式、管式和中空纤维式等。不同的模块形式在制备工艺、膜面积密度、操作条件等方面各具特点，因而在不同应用领域有所侧重。就制备工艺而言，板框式和卷式模块多采用湿法或干湿法相结合制备UF膜，而管式和中空纤维式模块主要采用干法或热诱导相分离法（TIPS）制备UF膜。就膜面积密度而言，中空纤维式UF模块的充填密度最高（$> 1000 \, m^2/m^3$），其次是卷式模块（$800 \sim 1000 \, m^2/m^3$），而板框式和管式模块的充填密度相对较低（$< 300 \, m^2/m^3$）。就操作条件而言，板框式和卷式UF膜元件内的流体流动以层流为主，传质效率相对较低，因此其操作压力和周期性清洗频率相对较高；而管式和中空纤维式UF膜元件内的流体流动以紊流为主，传质强化效果显著，因此其操作压力更低，抗污染能力更强。

综上所述，UF膜材料和膜模块的合理选择和优化匹配，是实现高性能、低成本、长寿命UF过程的关键所在。对于饮用水、药用水等对水质要求较高的领域，可选用亲水性好、生物相容性强的CA、PES等材料，并采用中空纤维等高充填密度的模块形式，在低压、低能耗条件下实现高通量的水深度处理；而对于发酵液澄清、药物提取等对溶质分离选择性要求较高的领域，则可选用PVDF、PP等疏水性材料，并采用管式等强化传质的模块形式，在中高压、高切应力条件下实现对目标产物的选择性富集和纯化。此外，还可针对不同应用环境和目标产物，采用表面接枝、共价交联等方法对UF膜进行功能化改性，赋予其特异性分子识别、柔性自清洁、仿生响应等多功能特性，从而进一步拓展UF技术的应用空间。可以预见，随着UF膜材料和制备工艺不断进步，以及UF膜组件与系统的模块化、集成化水平的不断提高，UF技术在水处理、食品生物、医药分离等领域的应用将更加广泛和深入，并与反渗透、纳滤等膜技术实现优势互补、协同增效，共同推动膜分离过程向着更高效、更经济、更智能的方向发展。

（四）操作参数影响

UF过程的操作参数，如操作压力、切向流速、操作温度、进料液pH等，对其分离性能有显著影响，因此优化控制UF系统的操作参数，是实现其高通量、高选择性和长周期稳定运行的关键。

就操作压力而言，提高操作压力有利于增大对流传质推动力，加快溶剂透过膜的迁移，因此UF的渗透通量随操作压力的升高而增大。但过高的操作压力也会加剧UF膜表面的浓差极化和凝胶层形成，尤其在高浓度大分子溶液体系中更易发生，导致膜通量出现不可逆的衰减。因此，UF过程存在一个最佳操作压力，即临界通量（critical flux）点。在临界通量以下操作时，UF膜表面的剪切应力足以克服浓差极化层的阻力，此时通量随操作压力呈线性增长，且具有可逆性；而在临界通量以上操作时，浓差极化层迅速发展为凝胶层，阻碍溶剂的跨膜传递，此时通量不再随操作压力增加，甚至会下降。因此，UF过程应在低于临界通量的条件下操作，以维持较高的稳态通量。临界通量的大小与操作条件、料液性质密切相关，可通过控制进料浓度、提高切向流速等措施进行优化。

切向流速是影响 UF 膜表面剪切应力和传质强化效果的关键参数。提高切向流速可显著降低 UF 膜表面的浓度和黏度边界层厚度，减轻凝胶层阻力，从而提高膜的稳态通量。研究表明，切向流速提高 1 倍，UF 的稳态通量可增加 30%~50%。因此，在 UF 工业应用中，通常采用高 CFV 操作，并辅以网状填料、静态混合器等传质强化措施，在降低操作压力、缓解膜污染的同时保证较高的渗透通量。但值得注意的是，过高的切向流速虽有利于传质强化，但也会带来显著的能量损耗，导致 UF 系统的运行成本升高。因此，如何在通量和能耗之间寻求平衡，优化 UF 过程的技术经济性，是工程应用中需要重点考虑的问题。

操作温度对 UF 的渗透通量和溶质截留率有复杂影响，主要取决于温度对溶液黏度、溶质溶解度、膜孔径等参数的影响。一般而言，升高温度可降低溶液黏度，有利于传质过程，因此 UF 膜通量随温度的升高而增大。有研究表明，在 20~40℃内，UF 膜的渗透通量随温度每升高 1℃可提高 1%~3%。但温度过高也会引起溶质溶解度增大，加剧浓差极化，尤其是在高浓度蛋白质等生物大分子溶液体系中更为显著，导致膜截留性能下降。此外，高温条件还可能引发膜孔径热塌陷，使膜分离性能恶化。因此，UF 过程的操作温度需根据目标溶质的理化性质和膜材料的耐热性等因素优化确定，通常控制在 25~45℃的温度范围内。

溶液 pH 是影响 UF 膜性能的另一关键因素，其作用机制主要源于 pH 可改变溶质分子和膜表面的电荷性质及相互作用。以蛋白质溶液为例，当 pH 接近蛋白质的等电点（pI）时，蛋白分子表面静电荷为零，因此分子间及分子与膜间的静电斥力最小，容易发生聚集和吸附，导致 UF 膜发生严重的蛋白污染和通量衰减。而在 pH 远离 pI 时（如 pH ≪ pI 或 pH ≫ pI），蛋白分子表面带有大量同种电荷，因此分子间及分子与膜间的静电排斥力显著增强，有利于缓解蛋白污染，维持 UF 膜的高通量。此外，pH 变化还会影响蛋白分子的空间构象，进而改变其水合半径和膜截留性能。如在 pH 4~5 时，β-乳球蛋白分子呈现紧密的球形构象，其水合半径最小，因此其在 UF 膜上的截留率最低；而在 pH 7~8 时，β-乳球蛋白分子呈现伸展的线团构象，其水合半径显著增大，因此其在 UF 膜上的截留率也明显提高。总之，调控进料液的 pH 条件，优化溶质分子与膜间的界面作用力，对于 UF 过程的分离选择性和抗污染性至关重要。

综上所述，UF 作为一种重要的膜分离技术，通过多孔 UF 膜对溶液中大分子、胶体、细菌等溶质的选择性截留，在水处理、食品生物、医药分离等诸多领域得到了广泛应用。UF 的分离机理主要基于筛分作用，其传质行为受操作压力、溶液性质、溶质—膜相互作用等多种因素的影响。因此，合理优化 UF 膜的材料性能和模块构型，协同调控操作压力、切向流速、温度、pH 等工艺参数，对于充分发挥 UF 过程的分离性能和经济效益至关重要。尽管 UF 膜技术已相对成熟，但仍面临膜通量偏低、污染问题严重、运行成本高等诸多挑战。未来，还需在构效关系解析、膜材料开发、组件优化、系统集成等方面开展深入研究，发展抗污染、高通量、长寿命的新一代 UF 膜，并实现与其他膜过程的集成耦合，最大限度地发挥 UF 技术在资源高效利用、污染控制治理、人类健康保障等方面的重要作用。相信随着 UF 基础理论和关键技术的不断突破，以及在环保、能源、医疗等战略性新兴产业的深度应用，UF 必将在人类社会可持续发展的宏伟事业中扮演更加重要的角色。

二、超滤膜的种类与特性

UF 膜是实现 UF 过程的核心部件，其材料组成、结构形态、表面特性等直接决定了 UF 过程的分离性能和应用范围。根据制备材料的不同，UF 膜可分为有机高分子膜和无机陶瓷膜两大类；而基于结构形态的差异，UF 膜又可分为非对称膜和对称膜两种类型。不同种类的 UF 膜在化学稳定性、机械强度、孔隙率、孔径分布、亲 / 疏水性等方面各具特色，在不同应用领域有所侧重。本节将重点阐述几类典型 UF 膜的组成结构、性能特点及其与分离机制的关联，以期为读者全面认识 UF 膜的结构功能特性奠定基础。

（一）有机高分子 UF 膜

有机高分子材料是制备 UF 膜的主要选择，具有来源广泛、价格低廉、加工性能好等优点。按照化学组成和结构特点，常见的有机高分子 UF 膜可进一步分为醋酸纤维素（CA）膜、聚砜（PSF）类膜、聚烯烃（PO）类膜、聚偏氟乙烯（PVDF）膜等几类。

1. 醋酸纤维素（CA）UF 膜

CA 是最早应用于 UF 膜制备的高分子材料。CA 是由天然纤维素经醋酸化改性制得的一种半合成高分子，具有优异的成膜性、亲水性和生物相容性，因此 CA UF 膜在水处理、食品、生物医药等领域得到了广泛应用。CA 分子链中含有大量的羟基和乙酰基，与水分子可形成较强的氢键作用，因此 CA UF 膜对水和极性溶剂具有很强的亲和力，有利于获得较高的膜通量。同时，CA 分子链中醚键和酯键的存在，也赋予其较好的 pH 适应性（pH 3~8）和抗氯性（<1 ppm）。但 CA 的结晶度和耐热性相对较差（<50 ℃），且在碱性和有机溶剂中易发生降解，因此其适用范围有一定局限性。

CA UF 膜主要采用湿法相转化工艺制备，通过调控铸膜液组成、成膜条件等参数，可获得不同截留分子量（MWCO）和孔径分布的非对称 UF 膜。其典型的三明治结构由表面疏松层、中间致密层和底部指状大孔层构成。表面疏松层富含大量微米级大孔，可显著提高膜通量；中间致密层孔径集中在 1~100 nm，对大分子溶质和胶体具有高截留性；底部指状大孔层则为疏松层提供机械支撑，并降低传质阻力。CA UF 膜的 MWCO 范围可覆盖 1~300 kDa，纯水通量可达 50~200 L/（m²·h·bar），广泛用于饮用水、中水深度处理，果汁澄清，发酵液澄清，血液透析等领域。

2. 聚砜（PSF）类 UF 膜

PS 类高分子如聚砜（PSF）、聚醚砜（PES）、聚芳砜（PASF）等，是目前应用最为广泛的 UF 膜材料。PS 类高分子中含有亚砜基和芳香醚键等刚性结构单元，因此其热稳定性（<125 ℃）、化学稳定性（pH 1~13）和机械强度均优于 CA 材料。同时，PS 类高分子的亲水性和生物相容性也较好，可获得较高的膜通量和较低的蛋白吸附倾向。但 PS 类材料的抗氯性

相对较差，游离氯浓度需控制在0.1 ppm以下。

PSF类UF膜同样主要采用湿法相转化法制备。通过优化成膜体系和工艺条件，可制得MWCO在1~500 kDa、膜通量高达500 L／（m²·h·bar）的非对称UF膜。PSF类UF膜表面亲水性可通过共混改性和表面接枝进一步增强。如在聚合物铸膜液中添加聚乙烯吡咯烷酮（PVP）、聚乙二醇（PEG）等亲水性高分子，可显著提高UF膜表面自由能和亲水性基团密度；而在成膜后的UF膜表面接枝丙烯酸、乙烯基吡咯烷酮等亲水性单体，则可在膜表面形成纳米级水合层，更有利于提高膜通量和抗污染能力。PSF类UF膜主要应用于高浓度蛋白质溶液的分离纯化、废水深度处理、中水回用等领域。

3. 聚烯烃（PO）类UF膜

PO类高分子如聚乙烯（PE）、聚丙烯（PP）等，具有优异的化学稳定性（耐酸、碱、氯）和热稳定性（＜80℃），机械强度高，加工性能好，且价格低廉，因此在UF膜材料领域的应用日益广泛。但PO类高分子的最大缺陷是亲水性差，易受疏水性污染物吸附，导致膜通量严重衰减。因此，如何提高PO类UF膜的表面亲水性和抗污染性，是其应用开发的关键。

PO类UF膜通常采用热诱导相分离法（TIPS）制备。将PO高分子溶解在二甲苯、癸烷等高沸点溶剂中，经热诱导液—液相分离、溶剂萃取、干燥等过程，可获得具有互连网络状多孔结构的UF膜。TIPS法可方便地通过调控相分离温度实现膜孔径的连续调控，其MWCO范围可覆盖10~500 kDa。同时，由于PO类高分子的结晶度较高，因此TIPS法制备的PO UF膜还具有较高的机械强度。但这类UF膜的孔径分布相对较宽，膜表面疏水性较强。PO类UF膜的亲水化改性方法主要包括等离子体处理、紫外光接枝、臭氧氧化接枝等，通过在膜表面引入羟基、羧基等极性基团，可显著提高其表面自由能，改善抗污染性能。PO类UF膜主要应用于废水处理、油水分离、MBR工艺等领域。

4. 聚偏氟乙烯（PVDF）UF膜

PVDF是含氟聚合物中的佼佼者，兼具优异的化学稳定性（耐强酸、强碱）、热稳定性（＜130℃）和机械强度。同时，由于PVDF具有独特的半结晶结构和表面疏水特性，使其成为制备高通量疏水性UF膜的首选材料。但与PO类材料类似，PVDF的主要问题也在于其表面亲水性差，极易发生有机污染。

PVDF UF膜主要采用非溶剂诱导相分离法（NIPS）制备。将PVDF溶解于N,N-二甲基乙酰胺（DMAC）、N-甲基吡咯烷酮（NMP）等极性溶剂中，经液—液相分离、凝固、溶剂置换等过程，可获得具有不对称结构的UF膜。PVDF UF膜的MWCO范围可覆盖30~500 kDa，纯水通量高达1000 L／（m²·h·bar），且具有高疏水性（水接触角＞100°）。这种PVDF疏水膜在低表面张力条件下的膜通量尤其突出，因此在处理含油污水、土壤修复等疏水性污染物去除领域有独特优势。对于PVDF UF膜的表面改性，常采用接枝聚合法，在膜表面接入亲水性高分子链段（如PEG、PVP等），实现疏水膜向亲水膜的转变，拓展其在水处理等领域的应用。

（二）无机陶瓷 UF 膜

无机陶瓷材料具有优异的机械强度、化学稳定性和耐高温性能，但价格昂贵、成型加工困难。将其应用于制备 UF 膜，可在苛刻环境下实现高性能分离，尤其适合高温、强酸/碱、强氧化性介质中的液体澄清、提纯等过程。

无机陶瓷 UF 膜主要采用溶胶—凝胶法制备。以金属醇盐（如锆酸四丁酯、钛酸四丁酯等）为前驱体，经溶胶制备、涂膜、干燥、烧结等步骤，在多孔陶瓷载体（如氧化铝、碳化硅等）表面生成致密的金属氧化物薄膜（如氧化锆、氧化钛等），从而获得管式、平板式或柱式结构的复合陶瓷 UF 膜。这类膜的孔径集中在 $2 \sim 50 \, nm$，MWCO 可低至 $1 \sim 10 \, kDa$，化学稳定性好（pH $0 \sim 14$，$Cl^- > 200 \, ppm$），耐高温（$< 800 \, ℃$），机械强度高（抗压强度 $> 70 \, MPa$），可在 $500 \sim 800 \, ℃$ 实现原位清洗和消毒，因此特别适合高温废液、放射性废液等苛刻体系的处理。无机陶瓷 UF 膜的主要问题是通量偏低 [$< 50 \, L / (m^2 \cdot h \cdot bar)$]、成本高（> 500 元 $/ m^2$）、抗冲击性差，因此其应用领域相对较窄。

无机陶瓷 UF 膜的改性主要通过掺杂异质元素、构建多级结构等途径实现。如在氧化锆 UF 膜中掺杂铈、钇等稀土元素，可提高其热稳定性、离子导电性；在氧化钛 UF 膜中掺杂铜、银等过渡金属，可赋予其光催化、抗菌等新功能。此外，通过在大孔陶瓷载体上涂覆纳米级中间层（如氧化铝溶胶），再生长纳米级活性层（如氧化锆溶胶），可制备出结构有序、孔径梯度递减的多级复合陶瓷 UF 膜，在保证高通量的同时提高其选择分离性能。

总之，UF 膜种类多样，不同膜材料在化学组成、物理结构、表界面性质等方面各具特色，因而在分离性能和应用领域上有所侧重。CA、PS 类 UF 膜亲水性好、生物相容性强，主要应用于水处理、生物分离等水性体系；而 PO、PVDF 类 UF 膜疏水性强、耐有机溶剂，更适合含油废水、土壤修复等疏水性或两相体系的处理。无机陶瓷 UF 膜虽成本高、通量低，但凭借其优异的热稳定性和化学稳定性，在高温、强腐蚀性介质的分离提纯方面具有独特优势。对各类 UF 膜进行针对性的表面改性和多级结构设计，进一步拓宽其应用范围，是 UF 膜研究的重要发展方向。此外，开发有机/无机杂化 UF 膜，利用有机高分子赋予其柔韧性和成膜性，利用无机材料赋予其机械强度和耐热性，必将成为今后 UF 膜材料的研究热点。纵观 UF 膜的发展历程，从结构设计到性能调控，从单一组分到复合材料，从实验优化到模型预测，人们对其认识不断深化，手段不断创新。相信通过科研人员的不懈努力，新型高性能 UF 膜必将不断涌现，在更多领域得到实际应用，造福人类社会的可持续发展。

三、UF 技术的应用范围

UF 技术作为一种高效、环保、经济的膜分离技术，在众多领域得到了广泛的应用。UF 膜的孔径介于纳滤和微滤之间，一般为 $1 \sim 100 \, nm$，因此可以有效地分离和富集分子量在 $1000 \sim 500000 \, D$ 的大分子物质，如蛋白质、多糖、病毒、胶体等。UF 技术的应用范围涵盖了食品工业、生物医药、化工、环境保护等多个领域，为这些行业的发展提供了重要的技术支撑。

（一）食品工业

在食品工业中，UF技术得到了广泛的应用。例如，在乳制品加工中，UF可以用于牛奶的脱脂和浓缩，制备低乳糖乳制品，以及回收乳清蛋白等。通过UF，可以有效地去除牛奶中的脂肪和细菌，同时保留蛋白质、乳糖等营养成分，提高牛奶的品质和保质期。在果汁加工中，UF可以用于澄清和浓缩果汁，去除果汁中的悬浮物、胶体和部分杂质，提高果汁的透明度和稳定性。此外，UF还可以用于酿酒工业中的澄清和除菌，以及植物蛋白的提取和纯化等。

（二）生物医药领域

UF技术在生物医药领域有着重要的应用。例如，在疫苗生产中，UF可以用于病毒的富集和纯化，去除培养基中的杂蛋白和其他杂质，提高疫苗的纯度和安全性。在抗体药物的生产中，UF可以用于抗体的分离和纯化，去除培养基中的细胞碎片、病毒和其他杂质，确保抗体药物的高纯度和稳定性。此外，UF还可以用于血液透析和血液净化，去除血液中的毒素和代谢废物，延长患者的生命。在基因工程和蛋白质工程中，UF也是一种常用的分离纯化技术，可以高效地分离和纯化重组蛋白。

（三）化工领域

UF技术在化工领域有广泛的应用。例如，在石油化工中，UF可以用于原油的脱水和脱盐，去除原油中的水分和无机盐，提高原油的品质。在聚合物工业中，UF可以用于聚合物溶液的纯化和浓缩，去除聚合物中的低分子量杂质和溶剂，提高聚合物的纯度和性能。在涂料工业中，UF可以用于涂料的澄清和浓缩，去除涂料中的颗粒和胶体，提高涂料的稳定性和施工性能。此外，UF还可以用于有机溶剂的回收和废水的处理等。

（四）环境保护领域

UF技术在环境保护领域也发挥着重要的作用。例如，在饮用水处理中，UF可以用于去除水中的病毒、细菌、胶体和悬浮物等，确保饮用水的安全性和洁净度。与传统的砂滤和活性炭吸附相比，UF的过滤效果更好，可以去除更小的颗粒和有机物。在工业废水处理中，UF可用于去除废水中的重金属离子、有机物和其他污染物，降低废水的化学需氧量（COD）和生物需氧量（BOD），实现废水的达标排放或回用。在大气污染控制中，UF可以用于烟气的脱硫和脱硝，去除烟气中的SO_2、NO_x和颗粒物，减少大气污染物的排放。

UF技术凭借其独特的分离机制和优异的性能，在食品、医药、化工、环保等领域得到了广泛的应用。随着UF膜材料和制备工艺的不断进步，UF技术的应用范围还将进一步扩大，为更多行业的发展提供重要的技术支撑。同时，UF技术与其他膜分离技术的联用，如UF／反渗透、UF／纳滤等，可以实现更高效、更经济的分离和纯化过程，进一步拓展UF技术的应用空间。未来，UF技术的发展趋势将是膜材料的高性能化、制备工艺的绿色化、应用领域的多样化，以满足日益增长的分离和纯化需求，推动相关行业的可持续发展。

第三节　纳滤技术

一、纳滤技术的原理

纳滤是一种介于反渗透和UF之间的膜分离技术，其分离机理主要基于膜的筛分作用和道南（Donnan）效应。纳滤膜的孔径通常为1~10 nm，相当于胞壁中的通道蛋白，可以有效地截留水中的二价和多价离子、有机物分子以及病毒等物质，而允许水分子和一价离子通过。与反渗透相比，纳滤在较低的操作压力下即可实现对水中污染物的高效去除，且产水率更高；与UF相比，纳滤对无机盐和有机小分子具有更高的截留率，可以实现更深度的净化。

纳滤膜的分离机理可以分为以下几个方面。

（一）筛分作用

纳滤膜表面布满了大量的微孔，这些微孔的尺寸与水合离子和有机分子的大小相当。当进料液在压力驱动下流过纳滤膜时，小于膜孔径的物质，如水分子和一价离子，可以自由通过膜孔，而大于膜孔径的物质，如二价和多价离子、有机大分子等，则会被膜表面截留。这种基于分子大小的筛分作用是纳滤膜实现分离的主要机理之一。

膜孔径的选择对纳滤的分离性能至关重要。孔径过大，截留率不高，难以满足深度净化的要求；孔径过小，膜通量低，不利于大规模应用。因此，膜孔径的优化是纳滤膜研究的重点之一。目前，常用的纳滤膜孔径为0.5~2 nm，可以有效地截留分子量为200~1000 D的有机物和二价离子。

（二）Donnan效应

除了筛分作用外，Donnan效应也是纳滤膜实现分离的重要机理。Donnan效应是由膜表面带电基团与溶液中离子之间的静电相互作用引起的。纳滤膜表面通常带有一定量的负电荷，如羧基、磺酸基等，这些负电荷可以吸引溶液中的阳离子，排斥同种电荷的阴离子。当溶液中存在二价或多价阳离子时，这种静电吸引力更加明显。

在Donnan效应的作用下，阳离子在膜表面富集，形成浓差梯度，导致阳离子向膜的另一侧扩散。然而，为了维持电中性，阴离子也必须同时通过膜，但由于阴离子受到膜表面负电荷的排斥，其通过膜的速率远低于阳离子。因此，在纳滤过程中，二价和多价阳离子被优先截留，而一价阴离子则相对自由地通过膜，实现了对溶液中无机盐的选择性分离。

Donnan效应的强弱取决于膜表面电荷密度和溶液中离子的价态。提高膜表面电荷密度和溶液中高价离子的浓度，可以增强Donnan效应，提高纳滤膜对无机盐的截留率。然而，过高的表面电荷密度也会引起膜污染和通量下降等问题，因此需要在实际应用中进行优化。

（三）溶解—扩散机制

除了筛分作用和Donnan效应外，溶解—扩散机制也参与了纳滤过程中的物质传递。溶解—扩散机制是指溶质分子在膜中的溶解和扩散过程，这一机制在有机物分子的截留中起主导作用。

有机物分子通常具有一定的疏水性，可以在膜材料中溶解并发生吸附。溶解在膜中的有机分子在浓差驱动力的作用下，从高浓度侧向低浓度侧扩散，最终透过膜进入透过液中。膜材料的亲和力和有机物分子的溶解度是影响溶解—扩散过程的关键因素。提高膜材料的疏水性和选择合适的膜材料，可以增强对有机物的截留效果。

溶解—扩散机制在纳滤过程中的作用相对较弱，主要是由于纳滤膜孔径小，有机物分子难以在膜孔中自由扩散。然而，对于亲水性较强的纳滤膜，如醋酸纤维素膜，溶解—扩散机制的影响不容忽视，需要在膜材料的选择和优化中加以考虑。

综合以上三种机理，纳滤膜可以在较低的操作压力下实现对水中二价和多价离子、有机物、病毒等污染物的高效去除，在饮用水深度处理、废水回用、药物分离等领域具有广阔的应用前景。然而，纳滤技术的发展仍面临着诸多挑战，如膜污染、浓差极化、膜通量低等问题亟待解决。未来，纳滤膜材料和制备工艺的创新、膜污染控制技术的优化、纳滤与其他分离技术的耦合等，将是纳滤技术研究的重点方向，以进一步提升纳滤的分离效率和应用范围，为水资源的高效利用和环境保护做出更大的贡献。

二、纳滤膜的特性

纳滤膜是一种介于反渗透膜和超滤膜之间的半透膜，其独特的结构和性能决定了其在分离过程中的优异表现。纳滤膜的特性主要体现在以下几个方面：

（一）膜孔径分布

纳滤膜的孔径分布是影响其分离性能的关键因素之一。与反渗透膜相比，纳滤膜的孔径较大，一般为1~10 nm，相当于蛋白质分子的大小。这种孔径分布赋予了纳滤膜对水中溶质的选择性截留能力。小于膜孔径的物质，如水分子和一价离子，可以自由通过膜孔；而大于膜孔径的物质，如二价和多价离子、有机大分子等，则会被膜表面截留。通过优化膜孔径分布，可以实现对目标物质的高效分离和提取。

纳滤膜的孔径分布与膜材料的化学结构和制备工艺密切相关。通过改变膜材料的组成和交联度，可以调节膜孔径的大小和均一性。例如，增加膜材料中亲水性基团的含量，可以得到孔径较大的疏水性纳滤膜；而提高膜材料的交联度，可以得到孔径较小的致密型纳滤膜。此外，采用相转化、接枝、共混等改性技术，也可以对膜孔径分布进行调控，以满足不同应用领域的需求。

（二）表面电荷特性

纳滤膜表面通常带有一定量的电荷，这些电荷主要来源于膜材料中的官能团，如羧基、磺酸基、胺基等。表面电荷的性质和密度对于纳滤膜的分离性能有着重要的影响，尤其是在无机盐和带电粒子的截留方面。

负电性纳滤膜是目前应用最广泛的一类纳滤膜，其表面带有大量的负电荷。在溶液环境中，这些负电荷可以吸引水中的阳离子，排斥同种电荷的阴离子，引起Donnan效应。在Donnan效应的作用下，二价和多价阳离子被优先截留，而一价阴离子则相对自由地通过膜，实现了对溶液中无机盐的选择性分离。负电性纳滤膜在软化水处理、重金属去除等领域具有独特的优势。

正电性纳滤膜表面带有正电荷，主要用于截留水中的阴离子和带负电的胶体颗粒。与负电性纳滤膜类似，正电性纳滤膜的分离机理也基于Donnan效应，但吸引的是溶液中的阴离子，排斥的是阳离子。正电性纳滤膜在提取有价值的阴离子如磷酸盐、硫酸盐等方面具有潜在的应用前景。

两性离子纳滤膜表面同时含有正电荷和负电荷基团，具有独特的pH响应性。通过改变溶液的pH值，可以调节膜表面电荷的性质和密度，进而实现对目标离子的选择性分离。例如，在酸性条件下，两性离子纳滤膜表面呈正电性，可以用于阴离子的截留；而在碱性条件下，膜表面呈负电性，可以用于阳离子的截留。两性离子纳滤膜在分离混合盐溶液、回收有价金属等方面具有独特的优势。

（三）亲水性和疏水性

纳滤膜的亲水性和疏水性对其分离性能和抗污染能力有着重要的影响。亲水性纳滤膜表面含有大量的亲水基团，如羟基、羧基等，可以与水分子形成氢键，提高膜表面的水化程度。亲水性膜在水处理过程中具有较高的通量和较低的操作压力，但对疏水性有机物的截留效果较差。

疏水性纳滤膜表面缺乏亲水基团，与水分子的相互作用力较弱。疏水性膜对疏水性有机物如农药、染料等，具有较高的截留率，但在水处理过程中易发生膜污染，导致通量下降。为了兼顾亲水性和疏水性，提高纳滤膜的综合性能，常采用表面改性技术，如接枝亲水性聚合物、引入两亲性基团等，来调节膜材料的亲/疏水平衡。

（四）化学稳定性

纳滤膜在实际应用中往往面临着复杂的化学环境，如酸、碱、氧化剂等。膜材料的化学稳定性直接影响着纳滤膜的使用寿命和可靠性。目前常用的纳滤膜材料主要包括醋酸纤维素（CA）、聚砜（PSF）、聚醚砜（PES）、聚偏氟乙烯（PVDF）等。

CA膜是最早开发的纳滤膜之一，具有良好的亲水性和通量，但化学稳定性较差，易受到酸、碱、细菌等的侵蚀。PSF和PES膜具有优异的耐热性、耐化学性和机械强度，可以在较宽的pH范围内使用，但亲水性相对较差。PVDF膜兼具优良的化学稳定性和较高的亲水性，在苛刻环境下也能保持稳定的分离性能，但成本相对较高。

选择合适的膜材料是提高纳滤膜化学稳定性的关键。除了膜材料本身的化学性质外，交联改性、共混改性等技术也可以显著提高纳滤膜的耐化学性。例如，通过在CA膜中引入交联剂，可以提高其耐酸碱性和耐氯性；而将PVDF与其他高分子材料共混，则可以改善其力学性能和抗压性。

纳滤膜的特性是决定其分离性能和应用范围的关键因素。膜孔径分布、表面电荷特性、亲/疏水性以及化学稳定性等，共同构成了纳滤膜的特性体系。深入理解和优化纳滤膜的特性，对于拓展纳滤技术的应用领域、提高纳滤过程的效率和经济性具有重要意义。未来，纳滤膜材料和制备工艺的创新、表面改性技术的发展、计算机模拟和实验表征方法的进步，将进一步推动纳滤膜特性的研究，为解决水资源短缺、环境污染等问题提供新的思路和方案。

三、纳滤技术的应用实例

纳滤技术凭借其独特的分离机理和优异的性能，在水处理、食品加工、生物医药等领域得到了广泛的应用。以下就纳滤技术在不同领域的应用实例进行详细讨论。

（一）饮用水深度处理

饮用水的安全性和洁净度直接关系到人们的身体健康。传统的饮用水处理工艺，如絮凝、沉淀、砂滤等，难以有效去除水中的微量有机污染物、重金属离子和微生物等。纳滤技术以其出色的截留性能和较低的能耗，成为饮用水深度处理的理想选择。

在饮用水深度处理中，纳滤膜通常与其他处理单元联用，构成一体化的膜处理系统。例如，常见的"超滤+纳滤"组合工艺，其中UF作为预处理单元，去除水中的悬浮物、胶体和大分子有机物，而纳滤则一步去除溶解性有机物、硬度离子和微量重金属等。与传统工艺相比，纳滤膜处理可以显著提高出水水质，达到或超过饮用水标准。

以色列阿什克伦（Ashkelon）海水淡化厂是应用纳滤技术进行饮用水深度处理的典型案例。该厂采用"预处理+反渗透+纳滤"的组合工艺，其中纳滤膜作为反渗透的后处理单元，去除水中残留的硼酸盐和硫酸盐等微量无机物，确保产水达到饮用水标准。Ashkelon海水淡化厂的成功运行证明了纳滤技术在饮用水深度处理中的可行性和优越性。

（二）苦咸水淡化

在沿海地区和干旱缺水地区，苦咸水是一种重要的替代水源。然而，苦咸水中含有大量的硫酸盐、氯化物等无机盐，直接利用会对土壤和植被造成盐害。纳滤技术可以有效去除苦咸水中的二价离子，尤其是硫酸根离子，进而软化水质，使其达到灌溉或工业用水标准。

与反渗透相比，纳滤在脱除苦咸水中二价离子的同时，对一价离子（如Na^+、Cl^-）的去除率相对较低。这一特性恰好满足了灌溉用水的要求，既能降低水的硬度和碱度，又能保留钠、氯等植物生长所需的矿物质元素。此外，纳滤对苦咸水的脱盐率可达50%～90%，产水率高达80%～90%，远高于反渗透的50%～70%，因此具有更高的经济效益。

西班牙阿利坎特（Alicante）地区的巴焦·阿尔曼佐拉（Bajo Almanzora）苦咸水淡化厂是应用纳滤技术进行苦咸水淡化的成功案例。该厂采用两段式纳滤工艺，运行压力为16～18 bar，脱盐率在80%以上。纳滤产水主要用于灌溉，硬度和电导率均满足灌溉水质要求。Bajo Almanzora苦咸水淡化厂的运行经验表明，纳滤技术是苦咸水淡化和资源化利用的可行途径。

（三）食品加工

食品加工过程中普遍存在着脱盐、浓缩、分离等需求，纳滤技术以其独特的选择性分离能力，在食品工业中得到了广泛应用。例如，在乳制品加工中，纳滤可用于乳清脱盐和浓缩，去除乳清中90%以上的单价离子，如Na^+、Cl^-等，而保留乳清蛋白、乳糖等有价值的成分，使乳清资源得到充分利用。同时，纳滤浓缩可将乳清的固形物含量提高2～5倍，减少运输和储存成本。

在果汁加工中，纳滤技术可用于澄清和浓缩，去除果汁中的杂质、果胶等，提高果汁的透明度和稳定性。与传统的澄清工艺相比，纳滤不仅效率更高、能耗更低，而且可以最大限度地保留果汁中的风味物质和营养成分。此外，纳滤浓缩可将果汁浓缩2～5倍，节约贮藏空间，延长保质期。

（四）生物医药

纳滤技术在生物医药领域也有着广泛的应用，特别是在药物分离纯化、血液净化等方面。例如，在抗生素生产中，纳滤可用于发酵液的初步分离，去除发酵液中的杂蛋白、色素等大分子杂质，提高下游纯化效率。与传统的离子交换、吸附等分离方法相比，纳滤的分离效率更高、操作更简单、能耗更低。

在血液净化领域，纳滤技术可用于血液透析和血液灌流，去除血液中的尿毒症毒素和中分子量物质。与传统的血液透析相比，纳滤膜孔径更接近毒素分子的大小，因此对毒素的清除效率更高。同时，纳滤对血液中的营养物质和电解质的保留率也更高，可以减少透析过程中的营养流失。目前，纳滤血液净化技术已在临床上得到了初步应用，为尿毒症患者的治疗提供了新的选择。

纳滤技术在水处理、食品加工、生物医药等领域的应用实例表明，纳滤是一种高效、经济、环保的分离技术，具有广阔的应用前景。随着纳滤膜材料和模块的不断改进，以及工艺优化和集成化的深入研究，纳滤技术必将在更多领域得到推广和应用，为解决资源短缺、环境污染等问题贡献更大的力量。同时，纳滤技术与其他膜分离技术的联用和耦合，也是未来研究的重要方向，有望进一步拓展纳滤技术的应用范围，提高分离效率和经济性。

第四节　微滤技术

一、微滤技术的原理

微滤是一种以压力差为驱动力，利用多孔膜截留水中悬浮颗粒、胶体和微生物等的膜分离技术。微滤膜的孔径通常为 $0.1 \sim 10\,\mu m$，相当于细菌和藻类等微生物的大小。与反渗透、纳滤和超滤相比，微滤的操作压力最低，一般为 $0.1 \sim 0.5\,MPa$，因此能耗相对较低。微滤技术凭借其独特的分离机理和优异的性能，在水处理、食品加工、生物医药等领域得到了广泛的应用。

（一）筛分机理

微滤膜的分离机理主要基于筛分效应。微滤膜表面分布着大量的微孔，这些微孔的尺寸与水中悬浮颗粒、胶体和微生物等的大小相当。当原水在压力驱动下流过微滤膜时，小于膜孔径的物质（如水分子、无机盐等）可以自由通过膜孔，而大于膜孔径的物质（如悬浮颗粒、细菌等）则被截留在膜表面，实现了对水中杂质的有效去除。

筛分效应的强弱取决于微滤膜孔径与杂质粒径的相对大小。理论上，只有当杂质粒径大于膜孔径时，才能实现完全截留。然而，在实际操作中，由于杂质形状不规则、膜孔径分布不均匀等因素，部分小于膜孔径的杂质也可能被截留。因此，在微滤膜的选择和优化过程中，需要综合考虑原水水质、杂质特性和目标水质等因素，合理确定膜孔径和操作条件，以达到最佳的截留效果。

（二）浓差极化和膜污染

微滤过程中普遍存在着浓差极化和膜污染问题，这也是影响微滤性能和应用的主要因素。浓差极化是指杂质在膜表面富集形成浓度边界层的现象。随着微滤的进行，被截留的杂质在膜表面不断累积，形成浓度梯度，导致膜表面的渗透压升高，膜通量下降。浓差极化虽然在一定程度上可以通过优化操作条件（如提高操作压力、增大水流速度等）来缓解，但不可避免地会增加能耗和运行成本。

膜污染是指杂质在膜表面或膜孔内部发生不可逆吸附或沉积的现象。微滤过程中常见的污染物包括无机颗粒（如铁锈、硅藻土等）、有机大分子（如蛋白质、多糖等）和微生物（如细菌、真菌等）。膜污染会导致膜通量和截留率下降，缩短膜的使用寿命，增加清洗和更换成本。因此，控制膜污染是微滤技术研究和应用的重点之一。

常用的膜污染控制策略包括优化操作条件、改进膜材料和表面改性、设计新型膜组件等。例如，采用低压操作、提高交叉流速、添加絮凝剂等措施，可以减轻颗粒污染和浓差极化；而采用亲水性膜材料、引入抗污染基团、构建非对称结构等措施，则可以提高膜的抗有机污染能力。此外，定期的物理化学清洗、反冲洗、化学强化等也是控制膜污染的有效手段。

（三）膜材料和膜组件

微滤膜的材料选择和组件设计直接影响着其分离性能和应用效果。目前常用的微滤膜材料主要包括有机高分子材料（如PVDF、PES、CA等）和无机陶瓷材料（如氧化铝、氧化锆等）。有机高分子膜具有制备工艺简单、成本低廉、机械强度高等优点，但在耐热性、耐化学性和抗污染性方面较差。无机陶瓷膜则具有优异的热稳定性、化学稳定性和机械强度，可在苛刻环境下长期使用，但制备工艺复杂，成本相对较高。

微滤膜组件的设计也是影响微滤性能的重要因素。平板式、卷式、中空纤维式和管式是目前最常见的四种微滤膜组件。平板式组件结构简单，易于清洗和更换，但通量较低、集成度差；卷式组件通量高、集成度好，但易发生污染，清洗困难；中空纤维式组件比表面积大、通量高，但易发生堵塞，运行稳定性差；管式组件机械强度高、污染少、清洗方便，但通量低、成本高。因此，在实际应用中，需要根据原水水质、处理规模、运行条件等因素，合理选择膜组件类型和优化设计参数，以达到最佳的处理效果和经济性。

（四）膜分离过程

微滤的分离过程主要包括过滤和清洗两个阶段。在过滤阶段，原水在压力驱动下通过微滤膜，杂质被截留在膜表面，而水和小分子物质透过膜孔进入透过液中。随着过滤的进行，膜表面的杂质不断富集，形成滤饼层，导致膜通量逐渐下降。当膜通量下降到一定程度（如初始通量的70%~80%）或达到设定的过滤时间时，需要进行清洗再生。

清洗是恢复膜通量和截留性能的重要环节。微滤膜的清洗方法主要包括物理清洗（如反冲洗、空气冲刷等）和化学清洗（如碱洗、酸洗、氧化洗等）。物理清洗通过施加反向压力或剪切力，将膜表面的滤饼层剥离，恢复膜通量；化学清洗则通过化学试剂与污染物发生反应，溶解或分散污染层，达到深层清洁的目的。在实际操作中，物理清洗和化学清洗常交替进行，以达到最佳的清洗效果。同时，为了延长膜的使用寿命，减少化学清洗频次，也可以采用预处理（如絮凝、沉淀等）、优化操作条件等措施，减轻膜污染程度。

综上所述，微滤技术是一种以筛分为主要机理的膜分离技术，具有操作压力低、能耗小、运行稳定等优点。微滤过程虽然受浓差极化和膜污染等因素的影响，但可以通过优化膜材料、改进膜组件、调控操作条件等措施来缓解。微滤技术在水处理、食品加工、生物医药等领域具有广阔的应用前景。未来，随着新型膜材料和制备工艺的发展，以及过程强化和集成化技术的进步，微滤技术必将在更多领域得到推广和应用，为解决资源短缺、环境污染等问题做出更大的贡献。

二、微滤膜的特性

微滤膜作为一种多孔膜材料，其特性直接决定了其在不同领域的应用效果和范围。微滤膜的特性主要体现在孔径分布、表面性质、化学稳定性和机械强度等方面，下面将对这些特性进行详细阐述。

（一）孔径分布

微滤膜的孔径分布是影响其截留性能的关键因素。与其他膜分离技术相比，微滤膜的孔径相对较大，通常为 $0.1 \sim 10\,\mu m$。这一孔径范围恰好与水中悬浮颗粒、胶体和微生物等杂质的粒径相当，因此可以有效地实现对这些杂质的截留。

微滤膜的孔径分布可以通过各种表征方法来测定，如气体吸附法、气体渗透法、液体置换法等。孔径分布的均匀性和可控性直接影响着微滤膜的分离效率和选择性。理想的微滤膜应具有窄而均匀的孔径分布，以确保对目标杂质的高效截留，同时最大限度地减少对水和其他有用组分的阻碍。

影响微滤膜孔径分布的因素主要包括膜材料的化学组成、制备工艺和后处理方法等。通过选择合适的膜材料、优化制备条件和引入后处理步骤，可以调控微滤膜的孔径大小和分布，从而满足不同应用领域的需求。例如，采用相分离法制备的聚合物微滤膜，可以通过调节聚合物浓度、非溶剂种类和浴温等参数来调控孔径分布；而采用烧结法制备的陶瓷微滤膜，则可以通过控制粉体粒径、烧结温度和时间等条件来调控孔径分布。

（二）表面性质

微滤膜的表面性质，如亲水性、电荷性质、粗糙度等，对其分离性能和抗污染能力有着重要的影响。亲水性是指膜表面与水分子之间的相互作用力，是影响膜通量和抗污染性的关键因素。亲水性膜表面与水分子之间存在强烈的氢键作用，有利于形成水合层，减少污染物的吸附和沉积，提高膜的抗污染能力。相反，疏水性膜表面易与水中的有机物和微生物等发生疏水—疏水相互作用，从而导致严重的膜污染和通量下降。

微滤膜表面的电荷性质是影响其分离性能的重要因素。带电荷的膜表面可以通过静电相互作用实现对带相反电荷物质的选择性截留，提高分离效率。例如，带负电荷的微滤膜可以优先截留水中的阳离子和带正电荷的胶体颗粒，而允许阴离子和中性物质通过。同时，膜表面电荷的存在也可以通过静电排斥作用减少污染物的吸附，提高膜的抗污染能力。

膜表面的粗糙度与其抗污染性密切相关。一般而言，粗糙度较大的膜表面，易于污染物的吸附和积聚，加剧膜污染；而光滑平整的膜表面，则有利于减少污染物的吸附，提高膜的抗污染能力。因此，在微滤膜的制备和改性过程中，常采用表面涂覆、接枝、刻蚀等方法来调控膜表面的粗糙度，以达到理想的抗污染效果。

（三）化学稳定性

微滤膜在实际应用中往往面临着复杂的化学环境，如酸、碱、氧化剂、有机溶剂等。膜材料的化学稳定性直接影响着微滤膜的使用寿命和可靠性。常见的微滤膜材料可分为有机高分子材料和无机陶瓷材料两大类。

有机高分子微滤膜，如 PVDF、PES、PP 等，具有优异的机械强度和加工性能，但在耐酸碱性和耐氧化性方面相对较差。这类膜材料在强酸、强碱或强氧化性环境下易发生水解、降解等反应，导致膜性能急剧下降。因此，在实际应用中需要严格控制进料液的 pH 值和氧化还原电位，避免膜材料的化学降解。同时，也可以通过共聚改性、表面涂覆等方法来提高有机高分子微滤膜的化学稳定性。

无机陶瓷微滤膜，如氧化铝（Al_2O_3）、氧化锆（ZrO_2）、二氧化钛（TiO_2）等，具有优异的耐酸碱性、耐氧化性和耐高温性，可在苛刻的化学环境下长期稳定使用。这类膜材料的化学惰性源于其特殊的晶体结构和化学键合方式，如 Al_2O_3 的 α 型六方晶体结构、ZrO_2 的四方和单斜结构等。同时，无机陶瓷材料的高温烧结工艺也赋予了其致密的结构和稳定的性能。因此，无机陶瓷微滤膜在化学清洗、高温消毒等过程中表现出优异的稳定性，可大大延长膜的使用寿命。

（四）机械强度

微滤膜在实际运行中会不可避免地受到压力、剪切力、冲击力等机械作用的影响，因此必须具备足够的机械强度和完整性。膜材料的机械强度主要取决于其化学组成、结构形态和制备工艺等因素。

有机高分子微滤膜的机械强度通常优于无机陶瓷微滤膜。这是由于高分子材料具有优异的韧性和延展性，可以通过分子链的取向和缠结来提高材料的机械强度。例如，采用拉伸法制备的 PVDF 中空纤维膜，其分子链沿拉伸方向高度取向排列，形成致密的皮层结构，因此具有较高的抗拉强度和耐压性。而采用相转化法制备的 PES 平板膜，则通过引入非溶剂来诱导相分离，形成互联的多孔支撑层，从而获得良好的机械强度。

无机陶瓷微滤膜虽然具有较高的硬度和耐磨性，但由于其固有的脆性和缺陷敏感性，易发生断裂和破坏。为了提高陶瓷微滤膜的机械强度，常采用以下策略：优化陶瓷粉体的粒径和分布，减少烧结过程中的缺陷和应力；引入增韧相，如金属颗粒、纤维等，提高陶瓷基体的韧性；采用先进的成型和烧结工艺，如凝胶注模、流延成型、无压烧结等，获得均匀致密的陶瓷膜结构。

除了材料本身的机械强度外，微滤膜组件的设计和制造质量也直接影响着其运行稳定性和完整性。例如，平板膜组件需要采用合理的支撑和密封结构，以防止膜片变形和泄漏；中空纤维膜组件则需要优化端部密封和卡套连接方式，以确保纤维束的完整性和均匀性。总之，只有在材料选择、组件设计和工艺制造等方面进行全面优化，才能保证微滤膜在实际应用中的机械稳定性和可靠性。

微滤膜的特性是决定其分离性能和应用范围的关键因素。孔径分布、表面性质、化学稳定性和机械强度等特性共同构成了微滤膜的特性体系，需要在材料设计、制备工艺和改性方法等方面进行系统的优化和调控。深入理解微滤膜的结构—性能关系，发展新型膜材料和制备技术，对于拓展微滤技术的应用领域、提高微滤过程的效率和可靠性具有重要意义。未来，微滤膜的研究重点将集中在多功能复合膜材料、表面修饰与改性、抗污染与耐久性提升等方面，以满足日益严格的分离要求和苛刻的应用环境，为水处理、生物医药、食品加工等领域提供更加高效、经济、绿色的膜分离解决方案。

三、微滤技术的应用范围

微滤技术凭借其独特的分离机理和优异的性能，在众多领域得到了广泛应用。微滤膜的孔径介于超滤和常规过滤之间，一般为 $0.1 \sim 10 \mu m$，因此可以有效地截留水中的悬浮颗粒、胶体、微生物等杂质，在固液分离和澄清纯化方面具有突出的优势。下面将对微滤技术在不同领域的应用进行详细阐述。

（一）饮用水处理

饮用水的安全性和洁净度直接关系到人们的身体健康。传统的饮用水处理工艺，如絮凝、沉淀、砂滤等，存在处理效率低、投药量大、占地面积大等缺点。微滤技术以其高效、紧凑、环保的特点，成为饮用水深度处理的理想选择。

在饮用水处理中，微滤通常作为常规处理工艺的后置步骤，去除水中残留的悬浮物、胶体、微生物等杂质。与常规处理工艺相比，微滤可以显著提高出水水质，使浊度降至 0.1 NTU 以下，细菌和病毒的去除率达 99.99% 以上。同时，微滤还可以去除水中的铁、锰等金属离子，降低色度和异味，提高水的感官品质。

微滤技术在饮用水处理中的应用案例包括：美国科罗拉多州丹佛市的水处理厂，采用陶瓷膜微滤系统处理南普拉特河水，出水水质优于美国环境保护局（EPA）标准；新加坡的 NEWater 工程，采用膜生物反应器（MBR）+ 微滤 + 反渗透（RO）的组合工艺，将市政污水转化为达到饮用水标准的新生水；中国浙江省千岛湖水厂，采用臭氧 + 活性炭 + 微滤的深度处理工艺，确保出厂水符合《生活饮用水卫生标准》。

（二）食品饮料加工

食品饮料加工过程中普遍存在着澄清、除菌、浓缩等需求，微滤技术以其高效、温和、无添加的特点，在这一领域得到了广泛应用。例如，在果汁加工中，微滤可以有效去除果汁中的悬浮物、胶体和果胶等，使果汁澄清透明，同时保留果汁中的营养成分和风味物质，提高果汁的品质和稳定性。与传统的澄清工艺（如离心、酶解等）相比，微滤不仅效率更高、能耗更低，而且可以避免高温对果汁品质的破坏。

在啤酒生产中，微滤可用于发酵液的澄清和除菌，替代传统的离心分离和巴氏杀菌工艺。微滤不仅可以去除啤酒中的酵母细胞和其他悬浮物，提高啤酒的澄明度和稳定性，而且可以在常温下实现无菌化处理，最大限度地保留啤酒的风味和香气。此外，微滤还可以实现啤酒的浓缩和脱醇，生产高浓度啤酒和低醇啤酒，满足不同消费者的需求。

在乳制品加工中，微滤可用于原料奶的除菌和澄清，去除奶中的体细胞、细菌和脂肪球等杂质，提高乳制品的品质和安全性。同时，微滤还可以用于乳清的分离和浓缩，生产高纯度的乳清蛋白和乳糖，实现乳清资源的高值化利用。与传统的离心分离和膜浓缩工艺相比，微滤具有分离效率高、变性小、污染少等优点，可显著提高乳制品的品质和附加值。

（三）生物制药

生物制药是微滤技术的重要应用领域之一。在疫苗、抗体、重组蛋白等生物药物的生产过程中，微滤可用于发酵液的澄清、除菌和浓缩，去除发酵液中的细胞碎片、胶体和病毒等杂质，提高下游纯化效率。与传统的离心分离和深层过滤相比，微滤膜的截留精度更高，可确保产品的安全性和一致性；同时，微滤膜的通量更大，处理时间更短，可显著提高生产效率和经济性。

在血液制品的生产中，微滤可用于去除血浆中的病毒并分离蛋白质。由于病毒的粒径通常为 $20 \sim 200$ nm，而血浆蛋白的分子量在 $10 \sim 1000$ kDa，因此选择合适孔径的微滤膜，可以有效截留病毒颗粒，而让血浆蛋白通过，实现病毒的高效去除。同时，通过串联不同孔径的微滤膜，还可以实现血浆蛋白的分级分离，如白蛋白、免疫球蛋白等，简化下游纯化步骤，提高产品质量和收率。

（四）工业废水处理

工业废水中往往含有大量的悬浮物、胶体、油脂等难以降解的污染物，给传统的生化处理工艺带来了巨大挑战。微滤技术以其优异的截留性能和耐受性，成为工业废水深度处理和回用的有效手段。

在石油化工废水处理中，微滤可以有效去除废水中的悬浮物、油滴和胶体等，回收油品资源，同时降低废水的浊度和COD，减轻后续生化处理的负荷。在印染废水处理中，微滤可用于除去废水中的纤维屑、染料颗粒和助剂等，使废水达到回用或排放标准。在电镀废水处理中，微滤可截留废水中的金属氢氧化物颗粒，回收贵重金属，减少重金属的排放。

微滤技术在工业废水处理中的应用案例包括：美国通用汽车公司的装配厂，采用陶瓷膜微滤系统处理含油废水，回收率为95%以上；意大利Biffi印染厂，采用PVDF中空纤维微滤膜处理染色废水，使废水达到回用标准；日本松下电器公司，采用管式陶瓷膜微滤系统处理电镀废水，使镍的回收率超过99%。

（五）气体净化与消毒

除了在液体分离领域，微滤技术在气体净化与消毒领域也有广泛的应用。例如，在洁净室空气净化中，PTFE、PVDF等疏水性微滤膜可用于高效截留空气中的尘埃、细菌等颗粒物，使空气超过 Class 100 的洁净度要求。在烟气治理中，微滤膜可用于去除烟气中的细小灰尘、烟雾等，与脱硫、脱硝等工艺联用，实现烟气的达标排放。

在医院、制药车间等对空气洁净度要求极高的场所，微滤技术还可用于空气的无菌过滤和病毒去除。亲水性 PVDF 中空纤维微滤膜，对粒径大于 0.1 μm 的细菌和真菌具有截留率大于 99.99999% 的优异性能，可实现医用级空气的高效消毒。疏水性 PTFE 微滤膜可用于去除空气中的油雾、有机气溶胶等，净化效率超过 99.9999%。

微滤技术在气体净化与消毒领域的应用案例包括：美国麻省总医院手术室，采用亲水 PVDF 中空纤维微滤膜对空气进行无菌过滤，使手术室的空气洁净度超过 Class 10；韩国三星电子半导体厂，采用疏水 PTFE 微滤膜对空气进行预过滤，使车间的尘埃粒子数降低了 90% 以上；中国上海烟草集团，采用 PTFE 微滤膜 + 活性炭吸附工艺对香烟烟气进行净化，使烟气中的焦油去除率超过 80%。

微滤技术凭借其出色的分离性能和应用优势，在饮用水处理、食品饮料加工、生物制药、工业废水处理、气体净化等领域得到了广泛应用。随着微滤膜材料和制备工艺的不断进步，以及膜组件与系统设计的优化创新，微滤技术的应用范围还将进一步拓展，为解决环境污染、资源短缺、食品安全等问题提供更加高效、经济、绿色的技术方案。同时，微滤技术与其他膜分离、吸附、氧化等技术的耦合集成，也是未来研究和应用的重要方向，有望进一步提升微滤过程的综合效能，实现环境效益、经济效益与社会效益的多赢统一。

第四章 膜的操作模式与污染控制

第一节 死端过滤与错流过滤

一、死端过滤

在膜分离过程中，进料液与膜表面的相对流动方式是影响膜性能和过滤效果的关键因素之一。根据进料液与膜表面的相对流动方向，可将膜过滤操作模式分为死端过滤（dead-end filtration）和错流过滤（cross-flow filtration）两种基本类型。本节将重点阐述死端过滤的工作原理、过程特点以及影响因素，以期为优化膜操作条件、提高膜分离效率提供理论依据。

（一）死端过滤的基本原理

死端过滤，又称正向过滤或直通式过滤，是指进料液与膜表面垂直流动，膜截留的溶质不断在膜表面富集、沉积，形成滤饼层，而透过液则从膜的另一侧流出。在死端过滤过程中，由于进料液流动方向与膜面法线方向一致，因此膜表面不存在切向流速，溶质输运主要依靠压力驱动的对流传递和滤饼层内的扩散传递。

具体而言，死端过滤过程可分为三个连续阶段。

1. 恒通量阶段

在过滤初期，由于膜表面尚未形成明显的滤饼层，因此膜通量主要取决于操作压力和膜自身的阻力。根据达西（Darcy）定律，此时膜通量与操作压力成正比，与膜阻力成反比，表现为恒定的高通量。

2. 通量下降阶段

随着过滤的进行，膜截留的溶质不断在膜表面富集、沉积，形成滤饼层。滤饼层一方面增加了料液的传质阻力，另一方面也可能堵塞膜孔，导致膜的有效孔隙率下降。在滤饼层阻力和膜阻力的双重作用下，膜通量开始逐渐下降。

3. 稳态通量阶段

当滤饼层达到一定厚度后，滤饼层内溶质的对流传递和扩散传递达到动态平衡，膜通量趋于稳定。此时，膜通量主要取决于滤饼层的渗透率和厚度，而与操作压力关系不大。稳态通量的大小反映了滤饼层的致密程度和可压缩性。

（二）死端过滤的过程特点

与错流过滤相比，死端过滤具有如下特点。

1.膜表面滤饼层生长显著

由于进料液垂直于膜表面流动，膜截留的溶质不断在膜表面沉积、积累，形成致密的滤饼层。滤饼层的生长速率主要取决于进料液中溶质的浓度、粒径分布以及操作压力等因素。滤饼层的存在一方面增加了膜面的传质阻力，另一方面也可能引起膜孔的堵塞，导致膜通量下降。

2.操作压力对膜通量的影响显著

在死端过滤的恒通量阶段，膜通量与操作压力成正比。提高操作压力，可以增大溶质的对流传递速率，从而提高膜通量。然而，随着滤饼层的生长，操作压力对膜通量的影响逐渐减弱。在稳态通量阶段，过高的操作压力可能导致滤饼层压实，增加滤饼层阻力，降低膜通量。

3.溶质截留率高

由于进料液垂直于膜表面流动，膜截留的溶质不断在膜表面富集，形成浓差极化现象。浓差极化一方面提高了膜表面的溶质浓度，增强了溶质的反向扩散传递；另一方面也可能诱发凝胶层极化、盐析等二次效应，改变溶质在膜表面的沉积状态。在浓差极化的作用下，死端过滤的溶质截留率通常高于错流过滤。

4.能耗相对较低

与错流过滤相比，死端过滤不需要额外的能量输入来维持切向流速，因此能耗相对较低。死端过滤的能耗主要来自压力驱动泵，用于克服膜阻力和滤饼层阻力。在实际应用中，可以通过优化操作压力、延长过滤周期等措施来进一步降低死端过滤的能耗。

（三）影响死端过滤性能的主要因素

影响死端过滤性能的因素如下。

1.膜材料的性质

膜材料的化学组成、孔隙率、孔径分布、亲/疏水性等性质直接影响着死端过滤的截留性能和通量。一般而言，疏水性膜材料易吸附蛋白质等亲水性溶质，导致膜污染加剧；而亲水性膜材料则有利于形成水合层，减少溶质在膜表面的沉积。此外，膜孔径分布越窄、孔隙率越高，则膜通量越大、溶质截留率越高。

2.进料液的性质

进料液的组成、浓度、pH、温度等性质也是影响死端过滤性能的重要因素。一般而言，进料液中溶质浓度越高，则膜表面浓差极化越严重，膜通量下降越快；pH过高或过低，都可能引起溶质在膜表面的沉淀或变性，加剧膜污染；温度升高，一方面可以增大溶质的扩散系数，减轻浓差极化，另一方面也可能加速溶质在膜表面的沉积和变性。

3.操作条件的优化

死端过滤的操作条件主要包括操作压力、过滤时间、反冲洗频率等。提高操作压力，可以增大膜通量，缩短过滤周期，但也可能加剧膜污染和滤饼层压实；延长过滤时间，可以提高液相回收率，但也可能导致膜通量下降和能耗增加；增加反冲洗频率，可以及时去除膜表面滤饼层，恢复膜通量，但也可能缩短膜的使用寿命。因此，需要根据具体的分离体系和目标，优化死端过滤的操作条件，以达到通量、截留率与成本的平衡。

4.预处理与膜清洗策略

对进料液进行预处理，如澄清、过滤、pH调节等，一方面，可以显著减轻膜表面的污染负荷，延缓滤饼层生长，提高膜通量和截留率。另一方面，及时有效的膜清洗也是保证死端过滤长周期运行的关键。物理清洗（如反冲洗、超声波等）可以去除膜表面可逆污染层，而化学清洗（如碱洗、酸洗、氧化洗等）可以去除不可逆污染层，恢复膜的性能。然而，过于频繁或剧烈的清洗也可能损伤膜材料，因此需要优化清洗方案，兼顾清洗效果与膜寿命。

死端过滤作为一种常见的膜分离操作模式，在水处理、食品加工、生物制药等领域应用广泛。深入理解死端过滤的原理与特点，揭示影响膜性能的关键因素，对于指导工业生产实践，发展高效、经济、绿色的膜分离新技术具有重要意义。未来，死端过滤的研究重点将集中在新型抗污染膜材料的开发、膜组件与膜系统的优化设计、膜过程的智能化控制等方面，以进一步提升死端过滤的分离效率和应用潜力，为资源高效利用和污染物深度治理提供新的技术途径。

二、错流过滤

错流过滤是一种常见的膜分离操作模式，其基本原理是进料液沿膜表面切向流动，膜截留的溶质在切向流体的剪切作用下不断被带走，从而在膜表面形成稳定的浓度边界层，而透过液则从膜的另一侧流出。与死端过滤相比，错流过滤具有膜污染小、膜通量高、运行稳定等优点，在水处理、食品加工、生物制药等领域应用广泛。

（一）错流过滤的工作原理

在错流过滤过程中，进料液在压力驱动下沿膜表面切向流动，同时在垂直于膜表面的方向上产生渗透流，溶剂和小分子溶质透过膜孔进入透过液，而大分子溶质和悬浮颗粒则被膜截留在进料侧。与此同时，切向流动在膜表面产生剪切作用，将截留的溶质不断带走，防止其在膜表面大量沉积，从而在膜表面形成一个稳定的浓度边界层。

错流过滤的传质机制可以用"溶质在边界层内的对流—扩散传递"来描述。具体而言，溶质在压力驱动下向膜表面对流传递，同时在浓度差的驱动下向进料本体扩散传递，二者在边界层内达到动态平衡，形成稳定的浓度分布。根据膜两侧的浓度差和操作压力，可以得到错流过滤的稳态通量方程：

$$J = k \cdot \ln \left(C_m / C_b \right)$$

式中：J为稳态通量；k为膜的渗透系数；C_m为膜表面溶质浓度；C_b为进料本体溶质浓度。

由方程可知，错流过滤的稳态通量主要取决于边界层内的浓差极化程度（C_m / C_b）和膜的渗透性能（k）。减小边界层厚度、增大切向流速、降低进料浓度都可以减轻浓差极化，提高稳态通量；而选择高渗透性的膜材料、优化膜孔径分布、减小膜厚度可以提高膜的渗透系数，进一步提升稳态通量。

（二）错流过滤的流动特点

错流过滤的流动特点是影响其分离性能的重要因素。根据雷诺数（Re）的大小，错流过滤的流动状态可分为层流（$Re < 2300$）、过渡流（$2300 < Re < 10000$）和紊流（$Re > 10000$）三种类型。不同的流动状态下，错流过滤的传质机制和分离效果存在显著差异。

在层流条件下，膜表面边界层厚度较大，浓差极化严重，膜通量较低。但由于切向流速小，膜表面剪切力也较小，因此膜污染相对较轻。层流错流过滤通常适用于分离热敏性物质或者剪切敏感性物质，如蛋白质、多糖等。

在紊流条件下，膜表面边界层厚度显著减小，浓差极化得到缓解，膜通量显著提高。但由于切向流速大，膜表面剪切力较大，因此膜污染相对较重。紊流错流过滤通常适用于分离悬浮颗粒或者胶体物质，如矿物颗粒、油水乳液等。

在过渡流条件下，错流过滤的流动状态介于层流和紊流之间，兼具两者的特点。合理控制过渡流区的操作条件，既可以获得较高的膜通量，又可以避免过度的膜污染，是错流过滤工业应用的理想状态。

（三）错流过滤的操作参数

影响错流过滤性能的操作参数主要包括操作压力、切向流速、进料浓度和操作温度等。

1.操作压力

操作压力是驱动溶剂和小分子溶质透过膜的推动力。提高操作压力，可以增大溶剂的渗透通量，提高产液率。然而，过高的操作压力也可能加剧膜污染和浓差极化，导致膜通量下降。因此，需要根据进料性质和膜材料特性优化操作压力，以达到通量与成本的平衡。

2.切向流速

切向流速是影响错流过滤传质性能的关键因素。提高切向流速，可以增大膜表面剪切力，减小边界层厚度，从而缓解浓差极化，提高膜通量。然而，过高的切向流速也可能引起膜污染物的压实和膜材料的磨损，导致膜性能下降。因此，需要兼顾膜通量与膜寿命，优化切向流速。

3.进料浓度

进料浓度直接影响着错流过滤的浓差极化程度。一般而言，进料浓度越高，膜表面浓差极化越严重，稳态通量越低。然而，提高进料浓度可以增加单位体积进料的处理量，提高错流过滤的经济性。因此，需要综合考虑分离效率与成本效益，优化进料浓度。

4.操作温度

操作温度通过影响溶质的扩散系数和溶剂的黏度，间接影响着错流过滤的传质性能。提高操作温度，一方面可以增大溶质的扩散系数，减轻浓差极化；另一方面可以降低溶剂的黏度，减小膜阻力，提高膜通量。然而，过高的操作温度也可能引起热敏性物质的变性和膜材料的老化，导致膜性能下降。因此，需要兼顾分离效率与能耗成本，优化操作温度。

（四）错流过滤的应用优势

与死端过滤相比，错流过滤具有如下应用优势。

1.膜污染小

由于切向流体的剪切作用，错流过滤可以有效减轻膜表面的沉积和堵塞，延缓滤饼层的形成，从而显著减小膜污染，延长膜的使用寿命。

2.膜通量高

由于浓差极化得到缓解，错流过滤的稳态通量通常高于死端过滤，特别是在高浓度进料或者高黏度溶液的处理中，错流过滤的通量优势更加明显。

3.运行稳定

由于膜表面形成稳定的浓度边界层，错流过滤的运行状态相对稳定，膜通量和截留率的波动较小，有利于实现连续化、自动化生产。

4.浓缩效果好

由于进料液连续切向流动，错流过滤可以实现进料液的不断浓缩，获得高浓度的截留液，从而提高物料的利用率和产品的附加值。

5.清洗再生方便

由于膜污染相对较轻，错流过滤的清洗再生相对容易，可以采用物理清洗（如反冲洗、超声波等）与化学清洗（如碱洗、酸洗等）相结合的方式，有效恢复膜的性能。

错流过滤作为一种高效、节能、环保的膜分离技术，在水处理、食品加工、生物制药等领域展现出广阔的应用前景。深入理解错流过滤的原理与特点，优化错流过滤的操作参数，对于提高错流过滤的分离效率、降低错流过滤的运行成本具有重要意义。未来，错流过滤技术的研究重点将集中在抗污染膜材料的开发、膜组件与膜系统的设计优化、膜过程的智能控制等方面，以进一步提升错流过滤的性能和可靠性，拓展错流过滤的应用领域，为资源的高效利用和环境的可持续发展做出更大的贡献。

三、两种模式的比较与应用选择

死端过滤和错流过滤是膜分离过程中最常见的两种操作模式，它们在工作原理、过程特点和应用效果等方面存在显著差异。深入理解两种模式的异同点，掌握它们的适用条件和选择原则，对于优化膜分离工艺、提高膜系统性能具有重要意义。本节将从分离机理、运行特性、能耗成本、应用范围等角度对死端过滤和错流过滤进行系统比较，并提出两种模式的应用选择策略，以期为膜分离过程的工业设计和运行管理提供理论参考。

（一）分离机理的差异

死端过滤和错流过滤的分离机理存在本质区别。在死端过滤中，进料液垂直通过膜表面，溶质在压力驱动下向膜表面对流传递，在膜表面不断富集、沉积，形成浓差极化和滤饼层，而透过液从膜的另一侧流出。由于缺乏切向流体的剪切作用，滤饼层会不断增厚，导致膜通量持续下降，直至达到稳态。因此，死端过滤的分离效果主要受制于滤饼层的阻力。

相比之下，在错流过滤中，进料液沿着膜表面切向流动，溶质在压力驱动下向膜表面对流传递的同时，也在切向流体的剪切作用下不断向进料本体扩散，在膜表面形成一个动态平衡的浓度边界层。由于切向流速的存在，错流过滤可以有效减轻滤饼层的形成，维持较高的稳态通量。因此，错流过滤的分离效果主要取决于边界层内的浓差极化程度。

（二）运行特性的比较

死端过滤和错流过滤在操作压力、产液率、清洗周期等运行特性上也有明显区别。在死端过滤中，由于膜通量主要受制于滤饼层阻力，因此即使提高操作压力，也难以显著提升产液率；过高的操作压力反而会加剧滤饼层的压实，导致膜通量进一步下降。此外，随着滤饼层的增厚，死端过滤的清洗周期也相对较短，通常需要频繁地停机反冲洗或化学清洗，以恢复膜的性能。

相比之下，在错流过滤中，由于存在切向流速，因此提高操作压力可以显著提升溶剂的渗透通量，从而获得更高的产液率。同时，切向流体的剪切作用可以有效减轻膜表面的沉积和堵塞，延长清洗周期，提高膜系统的连续运行时间。但需要注意的是，过高的切向流速也可能引起膜污染物的压实和膜材料的磨损，导致膜性能下降。因此，需要合理优化错流过滤的操作条件，兼顾膜通量与膜寿命。

（三）能耗成本的权衡

死端过滤和错流过滤的能耗成本存在显著差异。在死端过滤中，能耗主要来自压力驱动泵，用于克服膜阻力和滤饼层阻力。由于不需要额外的能量输入来维持切向流速，因此死端过滤的能耗相对较低。但需要注意的是，频繁的清洗和更换也会消耗大量的能量和化学品，增加运行成本。因此，延长死端过滤的清洗周期，优化清洗方案，对于降低整个膜系统的能耗成本至关重要。

相比之下，在错流过滤中，除了压力驱动泵外，还需要额外的能量输入来维持切向流速，如循环泵、潜水泵等。因此，错流过滤的能耗通常高于死端过滤。但需要指出的是，由于错流过滤具有较高的膜通量和较长的清洗周期，因此其单位产品的能耗成本未必高于死端过滤。此外，采用能量回收装置（如压力交换器、能量回收泵等）也可以显著降低错流过滤的能耗。因此，需要从全生命周期的角度来评估错流过滤的能耗成本，权衡投资回报和环境效益。

1.应用范围的选择

死端过滤和错流过滤在应用范围上有所侧重。一般而言，死端过滤更适用于悬浮颗粒和胶体较少的澄清液的处理，如饮用水、注射用水的澄清，果汁、啤酒的除菌，蛋白质溶液的除盐等。这些体系中的溶质粒径相对较小，颗粒间的相互作用力较弱，因此滤饼层的阻力相对较小，死端过滤可以获得较高的产液率和较低的能耗。

相比之下，错流过滤更适用于悬浮颗粒和胶体含量较高的浑浊液的处理，如废水、浓缩液、发酵液等。这些体系中的溶质粒径相对较大，颗粒间的相互作用力较强，极易在膜表面形成致密的滤饼层。采用错流过滤，可以充分发挥切向流体的剪切作用，有效减轻滤饼层的形成，维持较高的稳态通量。同时，错流过滤还可以实现进料液的连续浓缩，获得高浓度的截留液，提高物料的利用率。

2.模式选择的策略

针对特定的膜分离任务，选择死端过滤还是错流过滤，需要综合考虑进料性质、分离目标、成本效益等因素。以下是一些基本的选择策略。

（1）根据进料性质选择

对于悬浮颗粒和胶体含量较低的澄清液，优先考虑死端过滤；对于悬浮颗粒和胶体含量较高的浑浊液，优先考虑错流过滤。

（2）根据分离目标选择

对于低浓度目标产物的提取和浓缩，如水的净化、蛋白质的除盐等，优先考虑死端过滤；对于高浓度目标产物的回收和精制，如抗生素的提取、酶制剂的纯化等，优先考虑错流过滤。

（3）根据成本效益选择

对于低附加值的产品，如自来水、污水等，优先考虑能耗成本较低的死端过滤；对于高附加值的产品，如血液制品、精细化学品等，优先考虑分离效率较高的错流过滤。

（4）采用组合工艺

在实际应用中，死端过滤和错流过滤并不是互斥的，而是可以组合使用，发挥各自的优势。例如，在废水深度处理中，可以先采用死端过滤去除大部分的悬浮颗粒，再采用错流过滤去除残留的胶体和溶解性物质，既可以降低能耗成本，又可以提高出水水质。

死端过滤和错流过滤作为两种基本的膜分离操作模式，在实际应用中各有优劣。深入比较两种模式的分离机理、运行特性、能耗成本、应用范围等差异，有助于合理选择和优化膜分离工艺，发挥膜技术的最大效能。未来，随着膜材料和制备工艺的不断进步，以及过程强化和智能控制技术的日益成熟，死端过滤和错流过滤的应用范围还将不断拓展，为资源的高效利用和环境的可持续发展提供更加经济、高效、环保的技术方案。同时，两种模式的耦合与集成也是未来研究的重要方向，有望进一步提升膜分离过程的性能和可靠性，推动膜技术在更广阔的领域应用。

第二节　膜污染的成因分析

一、污染物类型及其来源

膜污染是限制膜分离技术大规模应用的主要瓶颈之一。在膜分离过程中，进料液中的各类污染物在膜表面或膜孔内发生吸附、沉积、堵塞等，导致膜通量下降、截留率降低、清洗频率增加，严重影响了膜系统的分离效率和使用寿命。因此，深入分析引起膜污染的各类污染物的类型、来源及其污染机制，对于合理选择预处理方法、优化操作条件、延长膜使用寿命具有重要意义。本节将系统阐述膜分离过程中常见污染物的类型及其来源，为有效控制膜污染提供理论基础。

（一）有机污染物

有机污染物是引起膜污染的主要物质之一，包括天然有机物（NOM）、腐殖酸（HA）、富里酸（FA）、蛋白质、多糖等。这些有机污染物通常带有亲水基团（如羧基、羟基、氨基等），易与膜材料发生静电引力、氢键、疏水作用等，在膜表面形成吸附层或凝胶层，阻碍溶剂和溶质的传质。

有机污染物的主要来源包括：地表水中的腐殖质、藻类代谢产物等天然有机物，市政污水和工业废水中的可溶性有机物，发酵工艺中的微生物代谢产物，食品加工中的蛋白质、多糖等生物大分子。不同来源的有机污染物在化学组成、分子量分布、官能团种类等方面存在显著差异，因而其污染机制和控制策略也有所不同。

以地表水中的天然有机物为例，其主要包括腐殖酸和富里酸两类。腐殖酸是一类高分子量（> 10 kDa）、疏水性较强的有机酸，含有大量的芳香族结构和羧基、酚羟基等官能团，易与膜表面发生疏水作用和氢键作用，形成紧密的吸附层。相比之下，富里酸是一类相对低分子量（< 10 kDa）、亲水性较强的有机酸，主要通过静电引力和配位作用与膜材料结合，形成疏松的凝胶层。因此，在控制地表水中天然有机物的污染时，需要针对不同类型的有机污染物采取不同的预处理和清洗策略。

（二）无机污染物

无机污染物是引起膜污染的另一类主要物质，包括金属氧化物、金属氢氧化物、碳酸盐、硫酸盐等矿物颗粒，以及Ca^{2+}、Mg^{2+}、Fe^{2+}、Mn^{2+}等二价金属离子。这些无机污染物通常带有表面电荷，易与膜材料发生静电引力、范德华力等作用，在膜表面形成致密的滤饼层或晶体层，严重影响膜的渗透通量。

无机污染物的主要来源包括：地表水和地下水中的悬浮颗粒、胶体、矿物质等，市政污水和工业废水中的重金属离子、硬度离子等，管道、设备的腐蚀产物，膜材料的降解产物等。不同来源的无机污染物在粒径分布、表面电荷、化学组成等方面存在显著差异，因而其污染机制和控制策略也有所不同。

以地下水中的硬度离子为例，其主要包括钙离子和镁离子。当地下水中硬度离子与 CO_3^{2-}、SO_4^{2-} 等阴离子达到饱和浓度时，易在膜表面发生成核和结晶，形成致密的 $CaCO_3$、$CaSO_4$ 等矿物尺度，显著提高膜的传质阻力。同时，硬度离子还可以与膜材料发生离子交换或配位作用，改变膜的表面电荷和亲水性，加剧其他污染物的吸附。因此，在控制地下水中硬度离子的污染时，需要采取软化预处理、酸洗清洗等措施，降低结垢风险。

（三）生物污染物

生物污染物是引起膜污染的第三类主要物质，主要包括细菌、真菌、藻类、病毒等微生物，以及微生物代谢产生的胞外聚合物（EPS）、蛋白质、多糖等生物大分子。这些生物污染物通过菌体吸附、胞外聚合物黏附等作用，在膜表面形成致密的生物膜，显著提高膜的传质阻力和清洗难度。

生物污染物的主要来源包括：地表水和地下水中的浮游生物、底栖生物等，市政污水和工业废水中的病原微生物、腐生微生物等，膜系统中的二次污染菌、管路菌等。不同来源的生物污染物在菌种组成、生长特性、代谢产物等方面存在显著差异，因而其污染机制和控制策略也有所不同。

以地表水中的藻类为例，其主要包括蓝藻、绿藻、硅藻等浮游植物。藻类在适宜的光照、温度、营养条件下能够快速繁殖，在膜表面形成致密的藻席。藻类胞外分泌的多糖、蛋白质等黏性物质，可以将藻细胞牢固地黏附在膜表面，形成难以去除的凝胶层。同时，藻类代谢产生的腐殖质、微囊藻毒素等有机物，也会加剧膜的有机污染和毒理风险。因此，在控制地表水中藻类污染时，需要采取预氯化、曝气混合等预处理措施抑制藻类生长。

（四）混合污染物

在实际的膜分离过程中，进料液中往往还含有有机污染物、无机污染物和生物污染物，形成复杂的混合污染体系。不同类型污染物之间可能存在协同或拮抗效应，影响膜污染的速率和程度。

例如，在表面水的膜处理中，天然有机物可以与金属离子形成配合物，加剧无机污染物的沉积；无机颗粒物则可以吸附天然有机物，加重有机污染物的堵塞。再如，在污水的膜处理中，胞外聚合物可以螯合金属离子，促进无机结垢；结垢颗粒则可以为微生物提供附着载体，加速生物膜的形成。因此，在控制混合污染物引起的膜污染时，需要系统考虑不同污染物之间的相互作用，优化膜系统的设计和运行参数。

总之，膜分离过程中的污染物种类繁多，来源复杂，污染机制各异。系统识别引起膜污染的各类污染物的类型、来源及其相互作用，是合理选择预处理方法、优化操作条件、延长膜使用寿命的基础。未来，膜污染机理和控制策略的研究重点将集中在复杂体系中污染物的界面行为、污染过程动力学、多相互作用机制等方面，以期从微观和动态角度阐明膜污染的演化规律，为开发高效膜污染控制技术提供理论指导。同时，多学科交叉和先进表征手段的应用，也将推动膜污染机理认识的不断深入，为膜技术的工业应用奠定更加坚实的基础。

二、膜污染的形成机理

膜污染是一个复杂的动态过程，涉及污染物与膜材料之间的多种相互作用。深入理解膜污染的形成机理，揭示污染物在膜表面和膜孔内的迁移、转化、累积规律，是合理设计膜污染控制策略的前提。本部分将从热力学和动力学角度系统阐述膜污染的主要形成机理，包括可逆污染和不可逆污染两种类型，以期为优化膜系统的设计和运行提供理论指导。

（一）可逆污染的形成机理

可逆污染是指污染物通过物理作用在膜表面发生可逆吸附、沉积或堵塞，导致膜通量下降，其可以通过物理清洗等方法恢复。可逆污染的形成机理主要包括以下几个方面。

1.浓差极化

在压力驱动膜分离过程中，膜表面截留的大分子或颗粒状物质在膜表面不断累积，形成浓度边界层，导致膜表面溶质浓度显著高于进料本体浓度。浓差极化一方面增加了溶剂的渗透压，降低了有效驱动压力；另一方面加剧了污染物在膜表面的沉积和吸附。浓差极化是一种动态平衡过程，主要受进料浓度、操作压力、交叉流速等因素的影响。

2.凝胶层极化

当膜表面的大分子溶质（如蛋白质）浓度达到临界凝胶浓度时，溶质分子间的静电排斥力和立体位阻效应导致分子间排列紧密，形成凝胶网络结构。凝胶层极化显著增加了溶剂的传质阻力，导致膜通量急剧下降。凝胶层的形成主要取决于溶质的分子量、形状、表面电荷等特性，以及溶液的pH、离子强度等环境条件。

3.滤饼层形成

当进料液中含有大量悬浮颗粒时，颗粒物在膜表面不断沉积、堆积，形成致密的滤饼层。滤饼层一方面加大了膜的液压阻力，另一方面阻碍了溶质向膜表面的传质。滤饼层的形成主要受颗粒物的粒径分布、形状、表面电荷等特性，以及操作压力、交叉流速等条件的影响。

4.表面孔堵塞

当进料液中的污染物粒径与膜孔径相当时，污染物可以进入膜孔并发生物理堵塞，导致膜的有效孔隙率下降。表面孔堵塞主要发生在膜分离过程的初期阶段，对膜通量的下降影响显著。表面孔堵塞的程度主要取决于污染物与膜孔的尺寸匹配程度，以及污染物的形状、刚性等特性。

（二）不可逆污染的形成机理

不可逆污染是指污染物通过化学作用或生物作用与膜材料发生不可逆结合，导致膜性能永久性下降，其难以通过常规物理清洗恢复。不可逆污染的形成机理主要包括以下几个方面。

1. 吸附

污染物分子与膜材料之间存在多种分子间作用力，如范德华力、静电引力、疏水作用、氢键等，导致污染物在膜表面或膜孔内发生吸附。吸附作用使污染物分子牢固地结合在膜材料上，难以通过简单的物理清洗去除。吸附作用的强弱主要取决于污染物与膜材料的化学亲和力，以及膜表面的粗糙度、电荷性质等。

2. 化学反应

某些活性基团（如醛基、羧基）可以与膜材料发生化学反应，如缩合、交联等，导致污染物分子共价结合在膜材料上。化学反应使污染物与膜材料形成稳定的化学键，难以通过常规清洗破坏。化学反应污染的程度主要取决于污染物与膜材料的反应活性，以及溶液的 pH、温度等环境条件。

3. 结晶沉淀

当无机污染物（如碳酸钙、硫酸钙）在膜表面的浓度达到饱和溶解度时，易发生结晶沉淀，形成致密的无机矿物层。结晶过程通常始于异相成核阶段，然后经历晶核生长、团聚等阶段，最终在膜表面形成牢固的结晶层。结晶沉淀显著提高了膜的传质阻力，且难以通过酸洗以外的方法去除。

4. 生物污染

微生物在膜表面吸附、定殖、生长，形成致密的生物膜，显著提高了膜的传质阻力。生物膜的形成过程通常包括初始吸附阶段、对数生长阶段和稳定成熟阶段。在生物膜的形成过程中，细菌不断分泌胞外聚合物（EPS），将细胞牢固地黏附在膜表面，形成难以去除的凝胶层。生物膜的结构和稳定性主要取决于菌种组成、营养条件、流体剪切力等因素。

综上所述，膜污染的形成机理涉及污染物与膜材料之间的多种相互作用，包括物理作用、化学作用和生物作用。不同类型的污染机理在污染过程中可能同时发生、相互影响，导致膜污染问题呈现复杂性。深入理解各种污染机理的微观机制、动力学特征和影响因素，对于合理设计膜污染控制策略至关重要。

针对可逆污染，主要采取优化操作参数（如提高交叉流速、降低操作压力）、改善膜组件设计（如采用涡流元件、增大膜间距）等措施，减缓浓差极化和滤饼层的形成，同时采取定期的物理清洗（如反冲洗、空气擦洗）去除膜表面可逆吸附层。针对不可逆污染，主要采取改性膜材料（如接枝亲水性聚合物、引入抗污染基团）、优化进料水质（如软化预处理、絮凝预处理）等措施，提高膜材料的抗污染能力，同时采取定期化学清洗（如碱洗、酸洗）去除膜表面的化学吸附层和生物膜。

总之，针对不同类型的污染机理采取针对性的污染控制措施是延长膜使用寿命、保障膜系统稳定运行的关键。膜污染机理研究不仅需要借助经典的热力学和动力学理论，还需要综合运用多学科的前沿方法，如分子模拟、表面分析、荧光显微等，从分子/原子水平揭示污染过程的微观机制。未来，膜污染机理研究将进一步向复杂体系、动态过程、多相作用等方向拓展，为开发高效、经济、环保的膜污染控制技术提供理论基础和创新思路。同时，加强产学研用合作、促进膜污染机理研究成果向工程应用转化，也是推动膜技术可持续发展的重要举措。

三、膜污染的影响因素

膜污染是一个复杂的动态过程，受到膜材料、进料水质、操作条件等多种因素的综合影响。深入分析各类影响因素对膜污染的作用机制及贡献大小，对于合理优化膜系统的设计和运行参数、有效控制膜污染问题具有重要意义。本节将系统阐述影响膜污染的主要因素，包括膜材料特性、进料水质参数和操作条件三个方面，并探讨各因素之间的相互作用和协同效应，以期为制定科学的膜污染控制策略提供理论依据。

（一）膜材料特性

膜材料的物理化学特性是影响膜污染的内在因素，直接决定了污染物与膜之间的相互作用力和污染动力学过程。主要包括以下几个方面。

1. 亲／疏水性

膜材料的亲／疏水性对污染物的吸附倾向有显著影响。一般而言，疏水性膜材料易吸引疏水性污染物（如蛋白质、油脂等），可导致严重的有机污染；亲水性膜材料则易吸引亲水性污染物（如多糖、无机盐等），可导致严重的无机污染。因此，根据进料水质特点，选择适宜的亲／疏水性膜材料，可以有效减轻特定类型的膜污染。例如，对于含有大量天然有机物的地表水，选择亲水性的纤维素膜材料，可以显著减弱对有机污染物的吸附倾向。

2. 表面电荷

膜材料的表面电荷对带电污染物的静电吸引力有显著影响。当膜表面与污染物之间存在静电引力时，污染物更易在膜表面发生吸附和沉积；反之，当膜表面与污染物之间存在静电斥力时，污染物则难以在膜表面聚集。因此，通过调控膜材料的表面电荷，可以有效改变膜与污染物之间的静电相互作用，减轻特定类型的膜污染。例如，对于含有大量二价阳离子（如 Ca^{2+}、Mg^{2+}）的硬水，采用带负电荷的聚砜膜材料，可以通过静电斥力减少无机结垢。

3. 表面粗糙度

膜材料的表面粗糙度对污染物的吸附动力学有显著影响。一般而言，粗糙的膜表面具有更大的比表面积和更多的缺陷位点，为污染物提供了更多的吸附位点和聚集核心，加剧了膜污染的发生。因此，采用表面光滑的膜材料，可以减少污染物的吸附位点，延缓膜污染的进程。例如，对于含有大量胶体颗粒的废水，采用表面光滑的陶瓷膜材料，可以显著减轻颗粒在膜表面的沉积和堵塞。

4. 孔隙结构

膜材料的孔隙率、孔径分布和孔形态对污染物的截留和传输行为有显著影响。一般而言，高孔隙率、大孔径、互通性好的膜材料，虽然具有较高的初始通量，但更易发生孔洞堵塞和内部污染；低孔隙率、小孔径、均一性好的膜材料，虽然初始通量较低，但抗污染能力较强。因此，根据进料水质特点和分离目标优化膜材料的孔隙结构，对于控制污染至关重要。例如，对于含有大量大分子污染物（如藻类、蛋白质等）的地表水，采用孔径分布均一的超滤膜，可以获得稳定的高截留率和低污染倾向。

（二）进料水质参数

进料液中污染物的类型、浓度、粒径分布等特性是影响膜污染的外在因素，直接决定了污染物在膜表面的沉积、吸附和堵塞倾向。主要包括以下几个方面。

1.溶质类型

进料液中溶质的化学组成和结构特征对其污染潜力有显著影响。一般而言，高分子量、疏水性、刚性结构的溶质（如腐殖酸、蛋白质等）更易在膜表面发生不可逆吸附，导致严重的有机污染；多价离子、难溶性盐类（如 Ca^{2+}、Mg^{2+}、$CaCO_3$ 等）更易在膜表面发生结晶沉淀，导致严重的无机污染。因此，通过预处理（如混凝、吸附、软化等）选择性去除高污染潜力的溶质，可以显著减轻膜污染。

2.溶质浓度

进料液中溶质的浓度对其在膜表面的累积速率有显著影响。一般而言，溶质浓度越高，则膜表面浓差极化越严重，污染层生长越快，膜通量下降越快。因此，通过预稀释或浓缩进料液控制关键污染物的浓度，可以延缓污染层的形成。例如，对于高浓度蛋白质溶液的超滤澄清，通过适度稀释进料，可以显著减轻蛋白质在膜表面的极化和沉积，提高膜通量和截留率。

3.悬浮颗粒

进料液中悬浮颗粒的浓度、粒径分布和表面性质对其污染趋势有显著影响。一般而言，高浓度、细小、疏水性的悬浮颗粒更易在膜表面发生聚集和沉积，导致滤饼层污染；低浓度、粗大、亲水性的悬浮颗粒则对膜污染的影响相对较小。因此，通过预过滤或混凝沉淀去除悬浮颗粒，可以有效减轻颗粒污染。例如，对于高浊度地表水的微滤处理，通过添加混凝剂去除细小胶体，可以显著延长微滤膜的运行周期。

4.溶液pH

进料液的pH通过影响污染物的电离度、溶解度、构象等，间接影响其污染倾向。一般而言，在污染物等电点附近的pH条件下，污染物分子间的静电斥力最小，更易发生聚集和沉积，导致严重的污染；在偏离等电点的pH条件下，污染物分子间的静电斥力增大，污染倾向相对减弱。因此，通过调节进料液的pH控制污染物的电荷性质，可以在一定程度上减轻污染。例如，对于含有腐殖酸的地表水，调节pH至碱性条件，可以增大腐殖酸分子的负电荷密度，减少其在膜表面的沉积。

（三）操作条件

膜系统的操作参数（如操作压力、操作温度、交叉流速）通过影响溶质在膜表面的传质行为和流体力学条件，间接影响膜污染的发生和发展，主要包括以下几个方面。

1.操作压力

操作压力是驱动溶剂透过膜的推动力，同时也加剧了溶质向膜表面迁移的对流传递。一般而言，操作压力越高，则溶剂通量越大，但溶质在膜表面的累积也越快，可导致浓差极化和滤饼层污染加剧。因此，在保证产水量的前提下适当降低操作压力，可以减缓污染层的形成速率。例如，在低压条件下运行反渗透系统，可以在一定程度上减轻有机污染和胶体污染。

2.操作温度

操作温度通过影响溶剂黏度、溶质扩散系数和溶解度等，间接影响膜污染过程。一般而言，温度升高有利于提高溶剂通量和减轻浓差极化，但也可能加速污染物在膜表面的吸附、变性和结晶，加剧某些类型的污染。因此，需要根据污染物性质和预期分离效果优化操作温度。例如，在处理含油废水时适当升高温度，可以降低油滴黏度，减轻油污染；但在处理含硬度的地表水时，温度过高则可能诱发碳酸钙等结垢。

3.交叉流速

交叉流速是影响浓差极化和滤饼层污染的关键因素。提高交叉流速，可以增大膜表面的剪切力，加快污染物向进料本体的回扩散，减少污染物在膜表面的累积。因此，在膜系统设计和运行中，应尽可能采用高的交叉流速，以减轻膜污染。例如，在管式膜系统中采用涡流元件，可以显著提高局部流速，减缓污染层的生长速率。

综上所述，膜污染是一个受多种因素影响的复杂过程，包括膜材料特性、进料水质参数和操作条件等。这些因素之间往往存在交互作用和耦合效应，共同决定了膜污染的类型、速率和程度。深入分析各类影响因素的作用机理，定量评估其对膜污染的贡献大小，是科学制定膜污染控制策略的前提。在实际工程应用中，需要根据原水水质特点和工艺要求，系统优化膜材料选型、预处理方案和运行参数，最大限度地减轻和延缓膜污染，提高膜系统的使用寿命和经济性。同时，还需建立完善的膜污染监测和清洗体系，以及时发现和解决污染问题，确保膜系统的稳定运行。未来，膜污染影响因素的研究还需进一步拓展到污染过程的多尺度分析和动态演化模拟等方面，综合应用材料学、流体力学、表面化学等学科的前沿方法，加深对污染机制的认识，为开发新型抗污染膜材料和优化膜系统设计提供理论指导，推动膜分离技术的长足发展。

第三节　膜污染的控制策略

一、预处理与清洗技术

膜污染是限制膜分离技术大规模应用的主要瓶颈之一。为了减轻和延缓膜污染，延长膜使用寿命，确保膜系统稳定运行，需要采取有效的污染控制措施。预处理和清洗是控制膜污染的两种基本技术手段，前者通过优化进料水质，减少污染物进入膜系统；后者通过定期去除膜表面和膜孔内的污染物，恢复膜的渗透性能。本节将重点阐述几种常见的预处理和清洗技术的原理、特点和应用，并探讨如何根据不同的污染类型和程度合理选择和优化这些技术，以期为制订科学的膜污染控制方案提供参考。

（一）预处理技术

膜分离过程的进料水质直接影响着膜污染的类型和速率。含有大量悬浮颗粒、胶体、矿物质、有机物等污染物的原水，极易在膜表面发生堵塞、沉积和吸附，导致膜通量迅速下降。因此，在膜系统进料端采取适当的预处理措施，去除或转化这些污染物，可以显著减轻膜污染负荷，提高膜系统的运行效率和稳定性。常见的预处理技术包括以下几类。

1. 机械过滤

采用筛网、砂滤、多介质过滤等方法，去除原水中的悬浮颗粒、胶体等大颗粒污染物。机械过滤操作简单、成本低廉，是膜系统最常用的预处理方式。然而，机械过滤难以去除溶解性有机物、无机盐等小分子污染物，对控制有机污染和无机结垢的效果有限。

2. 混凝沉淀

向原水中投加无机混凝剂（如硫酸铝、聚合氯化铝等）或有机混凝剂（如聚丙烯酰胺等），通过电荷中和、网捕等机制，将胶体颗粒、溶解性有机物等污染物转化为易沉淀的絮凝体，再通过沉淀或气浮去除。混凝沉淀可以有效去除高浊度、高有机物水体中的污染物，但需要严格控制混凝剂投加量和水质条件，否则可能引入过量的金属离子，造成二次污染。

3. 吸附法

采用活性炭、沸石、树脂等多孔吸附剂，通过物理吸附或化学吸附作用去除原水中的溶解性有机物、微污染物、余氯等。吸附预处理可以显著改善进水的有机质，减轻有机污染和消毒副产物污染，但吸附剂再生和更换成本较高，运行管理相对复杂。

4. 氧化法

采用强氧化剂（如臭氧、过氧化氢、高锰酸钾等）或高级氧化技术[如紫外光（UV）／H_2O_2、$O_3／H_2O_2$等]，将原水中难降解的有机污染物氧化分解为小分子物质，减少溶解性有机污染。氧化预处理反应迅速、效果显著，但运行成本较高，且可能产生有毒的氧化副产物，需要严格控制反应条件。

5. 软化法

采用石灰法、离子交换法等去除原水中的钙、镁等硬度离子，减少碳酸钙、硫酸钙等无机结垢。软化预处理可以显著延长膜的清洗周期和使用寿命，但需要定期再生或更换软化介质，且可能引入过量的钠离子而影响产水水质。

6. 生物处理

利用生物膜反应器、曝气生物滤池等，通过微生物的代谢作用去除原水中的生物可降解有机物、氨氮等污染物，减少生物淤积。生物预处理投资和运行成本相对较低，对污染物的去除效果稳定，但启动时间长，且需要定期排放富集的污泥，存在二次污染风险。

不同的预处理技术在去除污染物的机理、效果和成本等方面各有特点，在实际应用中需要根据原水水质特征、膜系统类型、出水要求等因素合理选择和组合。例如，对于高浊度地表水，可采用"混凝沉淀＋砂滤"的组合工艺，去除悬浮颗粒和胶体；对于微污染地表水，可采用"活性炭吸附＋精密过滤"的组合工艺，去除溶解性有机物和微污染物；对于高硬度地下水，则需添加软化预处理单元，防止钙镁结垢。此外，预处理系统还需与膜系统的运行参数相匹配，如预处理出水 SDI 需控制在一定范围内，以保证膜系统的稳定运行。

（二）清洗技术

尽管采取了预处理措施，膜表面和膜孔内仍不可避免地会发生一定程度的污染。为了恢复膜的渗透性能，延长膜的使用寿命，需要定期对膜组件进行清洗。根据清洗机理和清洗剂类型，膜清洗技术可分为物理清洗和化学清洗两大类。

1. 物理清洗

物理清洗是利用水力或机械作用，去除膜表面可逆污染层的过程。常见的物理清洗技术包括以下几类。

（1）反洗

定期对产水泵入膜组件的进水端，利用反向水流的冲刷作用，去除膜表面松散的污染层。反洗是最简单和常用的物理清洗方式，但反洗效果有限，只能去除部分可逆污染。

（2）空气擦洗

向膜组件中通入压缩空气，利用气泡的振动和剪切作用，去除膜表面的污染层。空气擦洗可在一定程度上强化污染物的脱离，但空气用量大，能耗较高。

（3）超声波清洗

利用超声波在液体中产生的空化效应和微射流效应，击打和剥离膜表面的污染层。超声波清洗可显著提高污染物的去除效率，但能量衰减快，且可能对膜材料造成损伤。

2. 化学清洗

化学清洗是利用化学试剂与污染物发生反应，溶解或分散污染层的过程。根据污染物类型和污染程度，常用的化学清洗可分为酸洗、碱洗、氧化洗、螯合洗和表面活性剂清洗等。

（1）酸洗

采用无机酸（如盐酸、硝酸等）或有机酸（如柠檬酸等），溶解膜表面的金属氧化物、碳酸盐等无机结垢。酸洗适用于无机污染严重的膜系统，但酸洗过程中需控制 pH 和温度，以免腐蚀膜材料。

（2）碱洗

采用氢氧化钠、碳酸钠等碱性试剂，水解和溶解膜表面的有机污染物，如蛋白质、多糖等。碱洗适用于有机污染严重的膜系统，但碱洗过程中需控制碱液浓度和接触时间，以免损伤膜材料。

（3）氧化洗

采用次氯酸钠、双氧水等氧化试剂，氧化分解膜表面的有机污染物和生物污染物。氧化洗适用于结合有机污染和生物污染的膜系统，但氧化洗可能改变污染物的性质，加重膜污染。

（4）螯合洗

采用乙二胺四乙酸（EDTA）等螯合试剂，与金属离子形成可溶性配合物，去除膜表面的金属氧化污染物。螯合洗适用于重金属污染严重的膜系统，但成本较高，且螯合剂难以生物降解，存在二次污染风险。

（5）表面活性剂清洗

采用非离子表面活性剂等，提升污染物的水溶性或分散性，促进污染物的脱附和去除。表面活性剂清洗成本低、对膜材料损伤小，但清洗效果有限，且残留的表面活性剂可能引起泡沫问题。

化学清洗虽然去污效果显著，但成本较高，且化学药剂存在膜损伤和环境污染等风险，因此需要根据污染诊断结果合理选择清洗剂种类、浓度及去清洗温度、时间和频率等参数。在实际应用中，还需注意以下几点。

一是优先采用物理清洗，延长物理清洗周期。合理设计膜系统的运行参数（如提高交叉流速、降低操作压力等），可减缓污染层的形成速率，延长物理清洗的有效周期。

二是优化多步清洗方案，提高清洗效率。对于结合多种污染机制的复合污染，采用碱洗—酸洗、氧化洗—酸洗等多步清洗方案，可获得更好的协同去污效果。但要注意不同清洗剂之间的配伍性，避免产生有害物质。

三是加强膜完整性检测，避免过度清洗。采用气泡试验、染料实验等方法定期检测膜组件的完整性，一旦发现膜损伤，应及时更换，以免过度清洗加剧膜老化。

四是实施清洗废液的回收处理，防止二次污染。采用中和、混凝、吸附等方法处理清洗废液中的酸碱、重金属等污染物，达标后回用或排放，降低环境污染风险。

综上所述，预处理和清洗是控制膜污染的两大核心技术，两者互为补充、相辅相成。科学合理地设计预处理系统和清洗方案，对于保障膜系统的稳定运行和提高污染控制效果至关重要。在实际应用中，还需建立完善的膜污染监测和诊断体系，以及时发现和解决污染问题，最大限度地发挥预处理和清洗技术的作用。未来，随着膜污染机理认识的不断深入和污染控制技术的持续创新，高效、经济、环保、智能的预处理与清洗新方法将不断涌现并推动膜分离技术的长足发展和广泛应用。同时，加强产学研用合作，促进先进污染控制技术的工程化和产业化，也是一项亟待开展的重要工作。

二、膜表面的改性处理

膜表面性质是影响膜污染的关键因素之一。膜材料的亲/疏水性、表面电荷、粗糙度等特性直接决定了污染物与膜之间的相互作用力和吸附趋势。因此，通过对膜表面进行改性处理，调控膜材料的物理化学性质，可以有效改善膜的抗污染性能，延缓污染层的形成，提高膜系统的运行稳定性。本节将重点介绍几种常见的膜表面改性技术的原理、方法和效果，并探讨如何针对不同类型的污染机制和污染物性质合理设计和优化膜改性策略，以期为开发高性能抗污染膜材料提供启示。

（一）亲水化改性

膜材料的亲水性对其抗污染性能具有决定性影响。一般而言，亲水性膜材料表面极性基团多，与水分子之间的氢键作用强，易在膜表面形成致密的水合层，阻碍污染物分子的接近和吸附，从而表现出较强的抗污染能力。相反，疏水性膜材料表面极性基团少，与污染物分子之间容易产生疏水相互作用，导致污染物在膜表面大量聚集，污染趋势显著。因此，提高膜材料表面的亲水性，是改善膜抗污染性能的重要途径之一。常见的亲水化改性方法包括以下几种。

1.接枝改性

采用等离子体处理、辐射引发、化学引发等方法，在膜材料表面引入亲水性聚合物，如聚乙二醇、聚乙烯醇、聚丙烯酰胺等。接枝的亲水性聚合物链可在膜表面形成致密的保护层，屏蔽膜材料的疏水基团，增强膜表面的亲水性和分散性，从而减少污染物的吸附。

2.共混改性

在膜材料的制备过程中添加亲水性聚合物、无机纳米粒子等添加剂，通过共混或嵌入方式提高膜表面的亲水性。例如，在聚偏氟乙烯（PVDF）膜的铸膜液中加入聚乙烯吡咯烷酮（PVP），制得的PVDF／PVP共混膜表面亲水性显著提高，对蛋白质、多糖等亲水性污染物的吸附量大幅降低。

3.表面涂覆

在膜表面涂覆一层亲水性高分子涂层，如壳聚糖、聚多巴胺等，利用涂层材料与污染物之间的静电排斥力或空间位阻效应，减少污染物在膜表面的沉积。例如，在聚砜超滤膜表面涂覆一层壳聚糖，所制备的复合膜对染料、重金属等污染物具有优异的抗吸附性能。

（二）表面电荷调控

膜表面电荷是影响膜与污染物相互作用的另一个重要因素。带相反电荷的膜表面和污染物之间存在静电引力，容易使污染物在膜表面吸附和聚集；而同种电荷的膜和污染物之间存在静电斥力，有利于减少污染物的沉积。因此，通过调控膜表面电荷的种类和密度，可以有效改变膜与污染物之间的静电相互作用，提高膜的抗污染能力。常见的表面电荷调控方法包括以下几种。

1.离子接枝

采用等离子体接枝、辐射接枝等方法，在膜表面接枝含有离子基团（如磺酸基、羧基、季铵盐基团等）的功能性单体，赋予膜表面一定的电荷特性。例如，在聚偏氟乙烯微滤膜表面接枝磺酸基团，制得的阳离子交换膜对带负电荷的污染物（如天然有机物、细菌等）具有优异的排斥作用。

2.共聚改性

在膜材料的合成过程中引入含有离子基团的功能性单体，通过共聚反应将其引入膜材料的分子链中，调控膜表面电荷。例如，在聚砜和2-巯基乙磺酸钠的共聚反应中，通过调节2-巯基乙磺酸钠的投料比，可制备表面电荷密度可控的阴离子交换膜。

3. 层状组装

采用静电自组装、氢键组装等方法，在膜表面交替沉积带正、负电荷的聚电解质层，构建多层复合膜。通过调节聚电解质层的种类、数量和沉积顺序，可精确调控膜表面电荷的种类、密度和分布。例如，采用聚二烯丙基二甲基氯化铵（PDDA）和聚苯乙烯磺酸钠（PSS）进行静电自组装，可在聚醚砜（PES）超滤膜表面构建pH响应性电荷可逆膜，对带相反电荷的污染物具有优异的排斥作用。

（三）表面图案化

膜表面的微观形貌和粗糙度也是影响其抗污染性能的重要因素。光滑平整的膜表面有利于形成稳定的水合层，减少污染物的吸附位点；而粗糙多孔的膜表面易于污染物的嵌入和积聚，加剧膜污染。因此，通过对膜表面进行微纳图案化处理，构建仿生抗污染表面，可以有效减少污染物与膜的接触面积，提高膜的抗黏附性能。常见的表面图案化方法包括以下几种。

1. 表面印迹

采用软印刷、纳米印刷等方法，在膜表面转印预先设计的微纳图案，如线条状、柱状、乳头状等结构。这些精细的表面结构可以显著降低膜的表面能，减少污染物的吸附。例如，采用聚二甲基硅氧烷（PDMS）模板，在聚丙烯（PP）中空纤维膜表面印刷蛋白石状微结构，所制备的仿生膜对污泥蛋白、胞外聚合物等污染物的吸附量降低了90%以上。

2. 刻蚀改性

采用等离子体刻蚀、化学刻蚀、辐射刻蚀等方法，在膜表面形成特定的微纳结构，如凹槽、孔洞、沟渠等。这些结构可以增大膜表面的比表面积，促进水合层的形成，减少污染物的沉积。例如，采用电子束刻蚀技术，在聚四氟乙烯（PTFE）平板膜表面加工纳米阵列结构，所制备的超疏水膜对油污、蛋白质等疏水性污染物表现出优异的抗黏附性能。

3. 组装改性

采用胶体组装、块体共聚物自组装等方法，在膜表面组装特定形貌的微纳结构。通过调节组装基元的形状、尺寸和排列方式，可构建多种仿生抗污染表面。例如，以聚苯乙烯（PS）微球为组装基元，在聚砜超滤膜表面组装紧密堆积的胶体晶体结构，所制备的超亲水膜对污泥、藻类等亲水性污染物的吸附量显著降低。

（四）复合改性

在实际的膜污染体系中，往往存在多种污染机制和污染物并存的复杂情况，单一的膜表面改性策略难以同时应对各类污染问题，因此需要采用多种改性方法的复合改性策略，发挥协同抗污染效果。常见的复合改性策略包括亲水化与电荷调控复合、亲水化与图案化复合、电荷调控与图案化复合等。

例如，在聚偏氟乙烯中空纤维膜的制备过程中，通过共混接枝聚乙二醇（PEG）和磺酸基团，同时采用相分离诱导的表面粗糙化处理，制得兼具超亲水性、负电性和多级粗糙结构的复合改性膜。该膜对海水中的腐殖酸、透明胞外聚合物（TEP）等复合污染物表现出优异的抗污染性能，平均通量提高了3倍以上。

又如，在聚醚砜平板膜表面，先采用低温等离子体引发接枝丙烯酸，引入羧基阴离子基团；再采用溶胶—凝胶法涂覆纳米 TiO_2 颗粒，构建多级粗糙结构。所得复合改性膜对废水中的金属氢氧化物、细菌等污染物具有协同抑制作用，膜通量和截留率分别提高了50%和30%以上。

综上所述，膜表面改性是提高膜抗污染性能的重要途径之一。通过亲水化、电荷调控、图案化等表面改性手段，可有效调控膜材料与污染物之间的相互作用力，减缓污染层的形成速率，延长膜的清洗周期和使用寿命。在实际应用中，需要根据污染物的性质和污染机制，合理选择和优化膜改性方案，并注重多种改性方法的复合，发挥协同抗污染效果。同时，还需兼顾改性工艺的简便性、低成本和稳定性，确保其大规模工业应用的可行性。

未来，膜表面改性技术的研究重点将集中在仿生智能膜、响应性膜、多功能膜等新材料的设计与构筑方面，通过跨学科交叉和先进制备手段的应用，开发出兼具高通量、高选择性和高抗污染性的新一代膜材料，推动膜分离技术的创新发展。同时，加强抗污染机理的深入研究和改性膜的系统评价，建立从分子设计到器件应用的全产业链条，也是一项亟待开展的重要工作。相信经过产学研用各界的共同努力，高性能抗污染膜材料的研发和应用必将取得更大的突破，为解决水资源短缺、环境污染等全球性问题作出更大的贡献。

三、膜分离过程中操作条件的优化与控制

膜分离过程中的操作条件对膜污染的发生和发展具有重要影响。不合理的操作参数设置，如过高的操作压力、过低的交叉流速、过长的过滤周期等，都可能加剧膜表面浓差极化和滤饼层污染，导致膜通量迅速衰减。因此，通过优化膜系统的操作参数，实施精细化的运行控制，可以有效延缓污染层的形成，维持较高的稳态通量，提高膜系统的能源效率和运行经济性。本节将系统阐述影响膜污染的主要操作参数，探讨参数优化的一般原则和具体方法，并介绍基于实时监测和反馈控制的智能运行策略，以期为制订合理的膜运行方案提供指导。

（一）操作压力的优化

操作压力是驱动渗透的推动力，直接影响膜通量和产水率。提高操作压力，可以增大溶剂的渗透通量，缩短滤液回收时间，但同时也会加剧膜表面的浓差极化和滤饼层堆积，导致膜通量快速下降。因此，存在一个最佳操作压力，即在保证较高产水率的同时，又能最大限度地减缓污染层的生长。

一般而言，最佳操作压力主要取决于进料液的性质、膜材料的特性以及污染控制目标等因素。对于悬浮物和胶体含量较高的原水，宜采用较低的操作压力，以减少颗粒在膜表面的沉积和堆积；对于溶解性有机物含量较高的原水，则可适当提高操作压力，以维持较高的溶

剂通量。此外，亲水性、疏松多孔的膜材料对污染物的吸附较弱，可耐受较高的操作压力；疏水性、致密细孔的膜材料对污染物的吸附较强，宜在较低压力下运行。

在实际应用中，可采用以下方法优化操作压力：一是采用试错法，在安全压力范围内递增操作压力，绘制通量随时间的衰减曲线，确定通量下降拐点所对应的最佳操作压力；二是采用模型法，基于膜阻力模型和滤饼层模型计算不同压力下的稳态通量，确定能量效率最高的操作压力；三是采用基准法，参照相似水质和膜材料的运行经验，选择经验证可行的操作压力。

（二）交叉流速的优化

交叉流速是影响膜表面浓差极化和剪切力的关键因素。提高交叉流速，可以加强膜表面的湍流扰动，减薄浓差极化层，促进污染物向进料本体的反向扩散，从而减缓污染层的生长速度。因此，在污染控制允许的范围内，应尽可能采用较高的交叉流速。

然而，过高的交叉流速也可能带来一些负面影响，如增加能耗、加剧膜磨损、引起污染物的二次沉积等。因此，存在一个最佳交叉流速，即在保证较高抗污染能力的同时，又能兼顾运行成本和膜寿命。最佳交叉流速的选择需要综合考虑进料液的可污染性、膜材料的机械强度、污染控制目标以及能耗成本等因素。

在实际应用中，可采用以下方法优化交叉流速：一是采用临界通量法，逐步提高交叉流速，测定对应的临界通量（即通量—压力曲线的转折点），选择略高于临界通量的交叉流速；二是采用数值模拟法，基于流体动力学（CFD）模型，计算、模拟不同流速下的流场分布和剪切应力，选择剪切力与能耗最优的流速；三是采用动态控制法，根据膜面压差、污染指数等在线指标，实时调节交叉流速，实现动态优化。

（三）过滤周期的优化

过滤周期是指两次连续清洗之间的膜过滤时间。延长过滤周期，可以降低清洗频率，提高产水率，降低运行成本；但同时也可能加剧膜污染的累积，导致不可逆污染的发生，缩短膜寿命。因此，存在一个最佳过滤周期，即在保证较高产水率的同时，又能避免严重的不可逆污染。

最佳过滤周期的选择需要权衡污染程度、清洗效果、运行成本等多个因素。对于污染较轻、清洗较易的膜系统，可适当延长过滤周期，减少清洗损失；对于污染较重、清洗较难的膜系统，则应缩短过滤周期，及时去除污染层。在确定过滤周期时，还需兼顾进料水质的波动性、膜材料的抗污染性以及清洗剂的适用性等因素。

在实际应用中，可采用以下方法优化过滤周期：一是采用试验法，在不同过滤周期下运行膜系统，评估污染程度和清洗效果，选择污染可控、清洗高效的最长周期；二是采用阈值法，设定关键污染指标（如膜面压差、污染阻力等）的阈值，超过阈值即启动清洗，保证污染处于可控范围内；三是采用预测法，基于污染动力学模型预测污染趋势和清洗时间，实现过滤周期的前馈控制。

（四）清洗参数的优化

清洗是恢复膜性能的重要手段，但清洗不当也可能损伤膜材料，加剧不可逆污染。因此，优化清洗参数，提高清洗效率和安全性，是减少污染损失的关键环节。影响清洗效果的主要参数包括清洗剂浓度、清洗温度、清洗时间和清洗流速等。

①清洗剂浓度直接影响污染物的溶解和分散能力，但过高的浓度也可能腐蚀膜材料。因此，需要在污染去除率和膜相容性之间寻求平衡，选择适宜的浓度范围。一般来说，碱性清洗剂（如NaOH）的浓度宜控制在$0.01 \sim 0.1 \, mol / L$，酸性清洗剂（如柠檬酸）的浓度宜控制在$1 \sim 10 \, mmol / L$，氧化性清洗剂（如NaClO）的浓度宜控制在$100 \sim 1000 \, mg / L$。

②清洗温度影响污染物的溶解度和反应速率，提高温度有利于加速污染物的去除，但过高的温度也可能引起膜材料的老化和变形。因此，需要在清洗效率和能耗、膜稳定性之间权衡，选择合适的温度范围。一般来说，对于热敏性膜材料（如醋酸纤维素膜），清洗温度不宜超过$35 \, ℃$；对于耐热性膜材料（如陶瓷膜），清洗温度可提高至$50 \sim 60 \, ℃$。

③清洗时间影响污染物的去除程度，延长清洗时间有利于污染层的充分剥离，但过长的清洗时间也可能引入新的污染或者损伤膜材料。因此，需要在清洗彻底性和效率、成本之间寻求最优解，确定合理的清洗时间。一般来说，对于常规有机污染，清洗时间控制在$0.5 \sim 2 \, h$；对于顽固无机污染，清洗时间可延长至$4 \sim 8 \, h$。

④清洗流速影响污染层的剪切剥离力，提高流速有利于污染物的快速去除，但过高的流速也可能引起膜的磨损和污染物的二次沉积。因此，需要在清洗强度和能耗、膜完整性之间寻求最佳值，优选适宜的清洗流速。一般来说，管式和帘式膜组件的清洗流速宜控制在$0.8 \sim 1.5 \, m / s$，卷式和中空纤维膜组件的清洗流速宜控制在$0.05 \sim 0.2 \, m / s$。

在实际应用中，可采用以下方法优化清洗参数：一是采用正交试验法，考察各参数的主次效应，优选最佳参数组合；二是采用模型预测法，基于污染物—清洗剂—膜材料三元作用模型，模拟不同清洗条件下的去除效果，指导参数优化；三是采用清洗效能评价法，综合考虑通量恢复率、污染去除率、清洗损伤率等指标，评判清洗方案的综合效能，择优筛选参数。

（五）智能运行控制

膜污染是一个复杂的动态过程，受进料水质、操作工况、环境条件等多重因素的影响，呈现出显著的时空分布不均一性。传统的膜运行大多采用固定参数或间歇调整的方式，难以适应污染过程的动态变化，往往产生污染失控或清洗过度的问题。因此，亟须建立基于实时监测和反馈控制的智能运行策略，根据膜系统的实时状态动态调整运行参数，实现污染过程的精细化控制和优化。

智能运行控制的基本框架包括污染监测单元、数据处理单元、控制决策单元和执行调节单元。其中，污染监测单元通过各种在线传感器[如膜面压差计、浊度计、总有机碳（TOC）分析仪等]，实时采集膜系统的关键污染指标，评估污染状态和发展趋势；数据处理单元通过大数据分析、机器学习等技术，挖掘污染过程的时空分布规律，建立污染预测模型；控制决策单元根据预测结果和优化目标（如最大化通量、最小化能耗等），求解最优控制策略（如最佳操作压力、清洗时机等）；执行调节单元根据最优策略，实时调整膜系统的运行参数（如调节阀门、泵速等），实现运行工况的动态优化。

智能运行控制的关键是建立污染过程与运行参数之间的定量关系，即污染动力学模型。常用的污染动力学模型包括阻塞模型、滤饼层模型、吸附模型和生物膜模型等，分别描述了不同污染机制下通量随时间的衰减规律。例如，经典的 Hermia 阻塞模型假设颗粒与膜孔尺寸相当，导致膜孔逐渐封闭，通量呈指数衰减；溶质吸附—凝胶层模型则假设大分子在膜表面发生不可逆吸附和凝胶化，形成附加的凝胶层阻力，通量呈对数衰减。

在实际应用中，可根据膜系统的污染特点和数据质量选择适宜的污染动力学模型，并结合智能算法（如支持向量机、神经网络、遗传算法等）开展模型训练和优化求解，获得最优的运行控制方案。例如，基于随机森林算法构建的污染预测模型，可提前 $1 \sim 2\,d$ 预警污染失控风险，及时启动清洗；基于模型预测控制（MPC）算法优化的动态压力调控策略，可实现膜通量和能耗的动态均衡，将膜系统的运行成本降低 $10\% \sim 20\%$。

综上所述，膜操作的优化与控制是减缓污染速率、提高膜系统效能的重要手段。合理设置操作压力、交叉流速、过滤周期和清洗参数等关键因素，可在源头上减少污染层的形成，延长稳态运行时间；建立智能运行控制系统，实现污染过程的实时监测、预测和动态调控，可显著提升膜系统的运行效率和自动化水平。未来，膜运行优化与控制技术的研究重点将集中在如下方面。

针对复杂污染机制和多参数耦合效应，发展多尺度、多物理场耦合的污染动力学模型，提高污染预测和运行优化的精度；针对非线性、强耦合、多目标的运行优化问题，发展智能优化算法和多目标决策方法，提高动态优化的速度和可靠性；针对膜系统全生命周期管理需求，发展面向长周期运行的性能评估、故障诊断、智能决策技术，最大化膜系统的使用价值。同时，加强智能运行控制系统的工程化应用和产业化推广，建立操作规范和标准体系，完善配套的软硬件设施，也是未来膜运行优化与控制技术发展的重要方向。相信随着先进制造、信息通信、人工智能等技术的深度融合，必将催生更多智能、高效、绿色膜运行新模式，推动膜分离技术跨越式发展。

（六）能量回收与梯级利用

膜分离过程消耗大量的电能和机械能，提高能源利用效率是降低运行成本、提升工艺经济性的关键。传统的能量利用方式存在能级降低、品质下降等问题，造成显著的能量损失。因此，亟须建立基于能量回收和梯级利用的节能运行策略，以最大限度地提高能源利用效率，实现膜系统的节能增效。

能量回收是指将膜系统排出的高压浓缩液或弃液的压力能或热能回收利用，减少系统的新增能耗。常见的能量回收装置包括能量回收泵、能量回收涡轮、压力交换器和热交换器等。其中，能量回收泵利用透平原理，将高压浓缩液的压力能转化为轴功，驱动进料泵，实现液压能的直接回收；能量回收涡轮利用浓缩液的压力能带动涡轮发电机，实现压力能到电能的转化；压力交换器利用活塞或转子实现浓缩液和进料液的直接压力交换，传递压力能；热交换器则通过热传导和对流实现浓缩液热能向进料液的传递，提高进料温度。

在实际应用中，可根据浓缩液的压力、流量、温度等参数，选择适宜的能量回收装置和工艺路线。例如，在海水淡化领域，低压系统（<6 MPa）常采用能量回收泵，中压系统（6~10 MPa）常采用能量回收涡轮，高压系统（>10 MPa）常采用压力交换器；在苦咸水淡化领域，由于浓水压力和流量较小，常采用能量回收泵与热交换器联用的方式。合理的能量回收方案可将系统的能耗降低30%~50%，大幅提高膜系统的经济性。

梯级利用是指根据能量的品位和用途合理配置能量利用单元，实现能量的高效分级利用。传统的膜系统能量利用呈单一直接式，即以高品位的电能直接驱动泵和鼓风机等设备，忽视了能量品质的差异性和匹配性，造成能量的跨级浪费。因此，需要根据能量品位的高低，优先将高品位能量用于压力需求大的场合，将低品位能量用于压力需求小的场合，提高能量的利用效率。

在实际应用中，可采用以下方法实现能量的梯级利用：一是采用高低压串联工艺，利用高压段浓水的压力能驱动低压段进水，减少增压能耗；二是优先利用可再生能源（如太阳能、风能等）或余热资源（如发电厂低温废热）作为低品位热源，替代常规化石能源；三是优化膜堆和泵的配置方案，减少能量传递和转化环节，提高传递效率。合理的梯级利用策略可将膜系统的能耗降低10%~20%，实现能源的节约集约利用。

（七）工艺集成与强化

膜分离过程在实际应用中往往与其他单元过程（如混凝、吸附、氧化、生物处理等）联用，以弥补单一膜过程在原水适应性、脱盐彻底性、污染物去除等方面的不足。然而，传统的膜法组合工艺存在流程长、投资大、运行复杂等问题，亟须开发更加高效、集约、绿色的工艺路线，工艺集成与强化成为提升膜系统综合效能的重要手段。

工艺集成是指将膜与其他过程在功能、设备、操作等方面进行有机融合，实现"1+1>2"的协同效应。常见的膜集成工艺包括膜—混凝工艺、膜—吸附工艺、膜—催化工艺和膜—生物反应器等。其中，膜—混凝工艺利用混凝剂去除大分子和胶体物质，减轻膜的污染负荷；膜—吸附工艺利用吸附剂去除微量有机物和重金属，保障出水水质；膜—催化工艺利用催化剂原位降解有机污染物，延长膜的使用周期；膜—生物反应器利用曝气生物滤池降解大分子有机物，减少化学清洗频次。

在实际应用中，可根据进水水质和出水要求，选择适宜的膜集成工艺路线和参数。例如，对于高浊高有机物地表水，可采用"混凝+陶瓷膜"工艺，出水浊度<0.1 NTU，TOC去除率>80%；对于含抗生素和内分泌干扰物的医院废水，可采用"臭氧催化+纳滤膜"工艺，出水化学需氧量（COD）<50 mg/L，抗生素去除率>95%；对于含氨氮和总氮的城市污水，可采用"超滤+反渗透+生物脱氮"工艺，出水氨氮<1 mg/L，总氮<5 mg/L。集成工艺不仅可提高膜系统的出水水质和运行稳定性，还可减少占地面积和运行费用，提高经

济和社会效益。

　　工艺强化是指在膜分离过程中引入物理、化学、生物等效应，增强传质传热、反应催化、污染控制等过程，从而提高膜通量、脱盐率、抗污染等性能。常见的膜强化手段包括超声波清洗、紫外光催化、臭氧氧化、电场促进等。其中，超声波清洗利用声空化效应，去除膜表面污染层，恢复膜通量；紫外光催化利用光生电子—空穴对，降解膜表面有机污染物，减缓污染；臭氧氧化利用臭氧分子的强氧化性，原位降解有机污染物，延长清洗周期；电场促进利用电泳和电渗流效应，加速带电粒子和离子的迁移，提高脱盐率和膜通量。

　　在实际应用中，可根据膜污染的类型和程度，选择适宜的强化手段和参数。例如，对于易结垢的硬水，可采用"电场强化＋阴离子交换膜"的方式，抑制碳酸钙等垢体的形成；对于易吸附的有机废水，可采用"紫外光催化＋PVDF改性膜"的方式，降解膜表面吸附的有机污染物；对于重金属废水，可采用"超声波辅助＋螯合树脂填充复合膜"的方式，提高重金属的截留率和通量。膜强化不仅可提高膜性能，延长膜寿命，还可简化运行流程，降低成本费用，提高工艺经济性。

　　综上所述，膜操作优化与过程强化是保障膜系统高效稳定运行的关键。在污染控制、节能降耗、水质提升、成本节约等方面，优化控制和强化集成发挥着不可替代的作用。未来，膜操作优化与强化技术的研究重点将集中在多因素耦合作用机制、动态智能优化控制策略、高效节能新工艺、强化传质传热新方法等方面，不断拓展膜技术的应用领域和性能边界。同时，加强膜系统全生命周期管理、完善标准规范和配套设施、建立产学研用协同创新体系，也是推进膜技术产业化、规模化发展的重要举措。

第五章 膜科学技术在环境保护中的应用

第一节 废水处理与回用

膜分离技术在废水处理与回用领域展现出巨大的应用潜力。随着工业化进程的加快和人口的不断增长，水资源短缺问题日益严峻，同时工业废水和生活污水的排放也对环境造成了严重的污染。传统的废水处理方法，如絮凝、沉淀、过滤和吸附等，往往难以达到日益严格的排放标准，而且处理成本较高，难以实现废水的回用。膜分离技术以其高效、节能、环保等优点，为废水处理与回用提供了新的解决方案。

一、微滤与超滤技术

微滤（MF）和超滤（UF）是应用较早且比较成熟的膜分离技术。它们主要用于去除废水中的悬浮物、胶体、细菌、病毒等。MF膜的孔径一般在$0.1 \sim 10\,\mu m$，而UF膜的孔径则在$0.001 \sim 0.1\,\mu m$。在废水处理中，MF和UF常作为预处理工艺，去除废水中的大分子物质，为后续的深度处理创造条件。例如，在印染废水处理中，采用UF膜可有效去除废水中的染料分子，使出水达到回用标准。同时，MF和UF膜也可用于生活污水的深度处理与回用。研究表明，采用UF膜处理城市生活污水，出水的浊度、化学需氧量（COD）和生化需氧量（BOD）均可满足杂用水回用标准。

二、纳滤与反渗透技术

纳滤（NF）和反渗透（RO）是膜分离技术中的"重量级选手"，它们能够去除废水中的溶解性盐类、重金属离子、有机物等。NF膜的孔径在$0.001 \sim 0.01\,\mu m$，对一价离子的去除率较低，而对二价及以上离子的去除率较高。RO膜的孔径更小，一般小于$0.001\,\mu m$，对各种离子和低分子有机物都有很高的去除率。在工业废水处理中，NF和RO常用于除盐、脱硝、脱硫等工艺。例如，采用NF膜处理电镀废水，可有效去除废水中的重金属离子，实现废水的达标排放和回用。在海水淡化领域，RO膜更是发挥着不可替代的作用，可为沿海地区提供宝贵的淡水资源。

三、膜生物反应器技术

膜生物反应器（MBR）是一种将膜分离技术与生物处理技术结合起来的新型废水处理工艺。它利用膜分离单元取代传统的二沉池，实现了泥水分离和生物菌群的截留。与传统的活性污泥法相比，MBR具有出水水质好、运行稳定、占地面积小等优点。目前，MBR已在生活污水和工业废水处理中得到广泛应用。研究表明，采用MBR处理生活污水，出水的COD、氨氮和总磷去除率均可达到90%以上，且出水可直接回用于绿化、冲厕等。在工业废水处理中，MBR也展现出良好的应用前景。例如，采用厌氧MBR处理造纸黑液，可有效去除废水中的有机物，同时产生的沼气用于发电，实现了废水处理与能源回收的双赢。

四、正渗透与前向渗透技术

正渗透（FO）和前向渗透（PRO）是近年来兴起的新型膜分离技术。与RO不同，FO和PRO利用渗透压差作为驱动力，实现水分子的选择性透过。在FO中，废水与高渗透压的提取液隔膜分离，水分子自发地从废水侧透过膜进入提取液侧，而污染物则被截留在膜表面。提取液通常选用易溶解、易再生的无机盐溶液，如氯化钠、硫酸镁等。与RO相比，FO操作压力低、膜污染少、运行费用低。在PRO中，废水与海水隔膜分离，废水中的水分子在渗透压差的作用下透过膜进入海水侧，同时驱动发电机发电。PRO不仅实现了废水的减量化处理，还产生了大量的清洁电能。目前，FO和PRO在废水处理与回用领域尚处于研究与示范阶段，但已展现出诱人的应用前景。

膜分离技术在废水处理与回用领域大有可为。随着材料科学、纳米技术等学科的飞速发展，新型膜材料和膜组件不断涌现，膜分离过程也向着高效、节能、智能化的方向发展。可以预见，在不久的将来，膜分离技术必将在废水处理与回用领域发挥更大的作用，为缓解水资源短缺和水环境污染问题做出更大的贡献。

第二节　大气污染治理

大气污染已成为全球范围内亟待解决的环境问题之一。工业废气、机动车尾气、燃煤烟尘等污染源的排放，导致大气中颗粒物、硫氧化物、氮氧化物等污染物浓度升高，对人体健康和生态环境造成了严重的危害。传统的大气污染治理技术，如电除尘、袋式除尘、湿式洗涤等，虽然可在一定程度上减少污染物的排放，但存在能耗高、效率低、二次污染等问题。膜分离技术以其高效、环保、节能等优点，为大气污染治理提供了新的思路和方法。

一、烟气脱硫

烟气脱硫是大气污染治理的重要环节。燃煤电厂、钢铁厂等工业企业排放的烟气中，二氧化硫浓度较高，是导致酸雨的主要原因。传统的烟气脱硫方法主要有石灰石—石膏法、氨法等，存在设备腐蚀、吸收剂消耗大、脱硫效率低等问题。膜分离技术为烟气脱硫提供了新的解决方案，气体分离膜材料具有优异的选择性渗透性能，能够实现二氧化硫的高效分离与富集。例如，采用碳酸氢钾/聚乙烯醇复合膜，在150℃下对模拟烟气进行脱硫，二氧化硫去除率可达99%以上。与传统方法相比，膜分离脱硫具有设备简单、能耗低、脱硫效率高等优点，有望成为未来烟气脱硫的主流技术。

二、挥发性有机物回收

挥发性有机物（VOCs）是大气中的重要污染物之一，主要来源于石油化工、印刷、涂装等行业。VOCs不仅对人体健康有害，还是形成光化学烟雾的重要前体物。常见的VOCs治理方法有吸附法、催化燃烧法、生物法等，但普遍存在能耗高、成本高、适用范围窄等局限。膜分离技术为VOCs的回收与治理开辟了新的途径，有机膜材料对VOCs具有优异的选择性，能够实现VOCs的高效分离与富集。例如，采用聚二甲基硅氧烷（PDMS）/聚丙烯（PP）复合膜，对含有丙酮、甲苯等VOCs的废气进行处理，VOCs回收率可达90%以上，且回收液中VOCs浓度高达50%以上，可直接作为化工原料循环利用。与传统方法相比，膜分离技术具有设备简单、能耗低、回收率高等优点，在VOCs回收与治理领域大有可为。

三、二氧化碳捕集

二氧化碳是大气中最主要的温室气体，其浓度的持续上升是导致全球气候变暖的重要原因。火力发电厂、水泥厂等大型工业企业排放的烟气中，二氧化碳浓度较高，是实施二氧化碳捕集的重点领域。传统的二氧化碳捕集方法主要有化学吸收法、物理吸收法等，存在能耗高、设备腐蚀、吸收剂再生困难等问题。膜分离技术为二氧化碳捕集提供了新的解决方案，气体分离膜材料对二氧化碳具有优异的选择性，能够实现二氧化碳的高效分离与富集。例如，采用聚乙烯亚胺（PEI）/聚醚砜（PES）复合膜，在常温常压下对烟气进行二氧化碳分离，二氧化碳渗透通量可达1000GPU，分离系数可达100以上。与传统方法相比，膜分离二氧化碳捕集具有能耗低、设备简单、环境友好等优点，是一种极具发展潜力的新兴技术。

四、室内空气净化

人们90%以上的时间在室内度过，室内空气质量直接影响人们的健康和工作效率。室内空气污染物主要为建筑装修材料、家具等释放的甲醛、苯、甲苯等有害物质。常见的室内空气净化方法有吸附法、光催化法、负离子法等，但普遍存在净化效率低、使用寿命短、易造成二次污染等问题。膜分离技术为室内空气净化提供了新的思路。功能化膜材料对室内空气污染物具有优异的选择性，能够实现污染物的高效分离与降解。例如，采用负载纳米 TiO_2 的聚偏氟乙烯（PVDF）中空纤维膜，在紫外光照射下对室内空气进行净化，甲醛、甲苯去除率可达90%以上，且净化后的空气可直接回用，无须更换吸附剂。与传统方法相比，膜分离室内空气净化具有净化效率高、使用寿命长、无二次污染等优点，已成为室内空气净化领域的研究热点。

膜分离技术在大气污染治理领域展现出广阔的应用前景。随着材料科学、纳米技术等学科的飞速发展，功能化膜材料不断涌现，膜分离过程也向着高效、节能、智能化的方向发展。未来，在烟气脱硫、VOCs回收、二氧化碳捕集、室内空气净化等领域，膜分离技术必将发挥更大的作用，为改善大气环境质量、保障人民群众健康做出更大的贡献。

第三节　固体废物处理

随着工业化、城镇化进程的加快，固体废物的产生量日益增加，其处理和处置已成为全球性的环境问题。工业固体废物、生活垃圾、医疗废物等的不当处理，不仅占用大量土地资源，还会对水体、大气、土壤造成严重污染，危害人体健康和生态环境。传统的固体废物处理方法，如填埋、焚烧等，存在二次污染、资源浪费等问题，难以满足日益严格的环保要求。膜分离技术以其高效、环保、节能等优点，为固体废物处理提供了新的思路和方法。

一、垃圾渗滤液处理

垃圾填埋场产生的渗滤液是一种高浓度、难降解的有机废水，含有大量的重金属、氨氮、有机污染物等。渗滤液的不当处理会对地表水、地下水造成严重污染。传统的渗滤液处理方法如生物处理、化学氧化等，存在处理效率低、运行成本高等问题。膜分离技术为渗滤液处理提供了新的解决方案。例如，采用"厌氧生物处理＋纳滤＋反渗透"的组合工艺对垃圾渗滤液进行处理，COD去除率可达99%以上，氨氮去除率可达98%以上，重金属去除率可达99.9%以上，出水可达地表水Ⅳ类标准，实现了渗滤液的达标排放和回用。与传统方法相比，膜分离技术具有处理效率高、出水水质好、运行稳定等优点，已成为垃圾渗滤液处理领域的研究热点。

二、餐厨垃圾处理

餐厨垃圾是城市生活垃圾的重要组成部分，含有大量的有机质和油脂。随意倾倒和填埋餐厨垃圾，不仅会造成环境污染和病虫害，还会浪费大量的资源。传统的餐厨垃圾处理方法，如堆肥、饲料化等，存在处理效率低、产品质量差等问题。膜分离技术为餐厨垃圾的资源化利用提供了新的途径。例如，采用"预处理＋厌氧发酵＋膜分离"的组合工艺对餐厨垃圾进行处理，可获得沼气、生物柴油、有机肥等多种产品。其中，膜分离技术可实现发酵液的高效固液分离，提高沼气产率和有机肥质量。与传统方法相比，膜分离技术具有处理效率高、产品质量好、资源利用率高等优点，是餐厨垃圾资源化利用的有效途径。

三、电子废物处理

电子废物是指废弃的电子电气设备及其零部件，含有大量的有毒有害物质，如重金属、溴化阻燃剂等。不当处理电子废物，会对土壤、水体、大气造成严重污染，危害人体健康。传统的电子废物处理方法如焚烧、酸浸等，存在二次污染、资源浪费等问题。膜分离技术为电子废物的无害化处理和资源化利用提供了新的思路。例如，采用"破碎＋浸出＋膜分离"的组合工艺对废弃印刷电路板进行处理，可实现铜、金、银等贵重金属的高效回收。其中，纳滤膜可实现金属离子的选择性分离，提高金属回收率和产品纯度。与传统方法相比，膜分离技术具有污染小、资源利用率高、产品附加值高等优点，已成为电子废物处理领域的发展方向。

四、危险废物处理

危险废物是指列入《国家危险废物名录》或者根据国家规定的危险废物鉴别标准和鉴别方法认定的具有危险特性的固体废物，如化工废物、医疗废物、放射性废物等。危险废物含有大量的有毒有害物质，如重金属、有机污染物等，不当处理会对环境和人体健康造成严重危害。传统的危险废物处理方法如填埋、焚烧等，存在二次污染、处理不彻底等问题。膜分离技术为危险废物的安全处置提供了新的解决方案。例如，采用"热解＋膜分离"的组合工艺对含汞废物进行处理，可实现汞的高效分离与回收。其中，陶瓷膜可耐受高温环境，对汞蒸气具有优异的选择性，能够实现汞的高效富集。与传统方法相比，膜分离技术具有处理彻底、无二次污染、资源利用率高等优点，已成为危险废物处理领域的重要发展方向。

膜分离技术在固体废物处理领域展现出广阔的应用前景。随着环保要求的日益严格和循环经济的快速发展，固体废物处理领域对高效、环保、节能的新技术、新工艺提出了迫切需求。膜分离技术以其独特的优势，必将在垃圾渗滤液处理、餐厨垃圾资源化利用、电子废物无害化处理、危险废物安全处置等领域大显身手，为固废处理和资源循环利用做出更大的贡献。

第六章 膜科学技术在能源开发中的应用

第一节 膜科学技术在石油化工领域的应用

一、油气分离与回收

石油化工行业是国民经济的支柱产业之一，在能源供给、化工原料生产等方面发挥着不可替代的作用。然而，石油化工生产过程中普遍存在能源利用效率低、资源损失大、污染排放重等问题，亟须开发节能减排、清洁生产的新技术、新工艺。膜分离技术以其高效、节能、环保等优点，在油气分离与回收领域展现出广阔的应用前景。本节将重点阐述油气分离用膜材料与膜过程、天然气脱水脱酸膜工艺、油田伴生气回收膜技术等方面的研究现状与发展趋势，以期为推动石油化工行业的绿色发展、能源高效转化利用提供新思路。

（一）油气分离用膜材料与膜过程

油气分离是石油化工生产中的核心操作单元之一，常规采用蒸馏、吸收等热力学分离方法。这些方法能耗高、设备庞大、操作灵活性差，难以适应油田开采后期低压、轻质化的趋势。与之相比，膜分离具有分离效率高、能耗低、设备紧凑等优点，分离机理主要包括溶解扩散（致密膜）、Knudsen扩散（微孔膜）和表面扩散（中孔膜）等。油气分离用膜材料主要包括高分子膜和无机膜两大类。高分子膜材料有醋酸纤维素、聚酰亚胺、聚砜等，其中以聚二甲基硅氧烷（PDMS）复合膜的研究最为深入，渗透汽化法制备的PDMS／聚醚砜复合膜在常温下对正丁烷／氮气的选择性可达15以上。无机膜材料主要有分子筛膜、碳膜、陶瓷膜等，其中Y型沸石分子筛膜对C4烃／甲烷的选择性可达100以上，MFI型硅酸盐分子筛膜对正构C6烃／环己烷的选择性高达500以上。但无机膜成本高，规模化生产难度大，工业应用尚不成熟。

油气分离膜过程设计的关键是匹配不同油气组分的渗透行为差异与膜材料分离特性。对于低碳烃／非烃体系多采用致密高分子膜的溶解扩散机制，烃类在膜中的溶解度和扩散系数远大于氮气、二氧化碳等，可实现优先渗透富集。对于同碳数烃类（如正构／异构烷烃、烷烃／环烷烃）体系，微孔分子筛的筛分机制则更有优势，直链或支链烷烃的动力学直径与MFI型分子筛孔径匹配，可实现对环烷烃、异构烷烃的高选择性分离。此外，对于高浓度、易冷凝的油气体系，采用毛细管冷凝机制的介孔膜可在常温下实现高通量、高选择性的气液分离。因此，根据不同油气组分特性优选合适的膜分离机理与膜材料体系，是实现高效油气分离的关键。

（二）天然气脱水脱酸膜工艺

天然气是优质、高效的清洁能源，但其富含水蒸气和酸性气体（CO_2、H_2S等），需进行脱水脱酸处理。常规的三甘醇（TEG）吸收脱水和胺洗脱酸工艺存在能耗高、设备腐蚀、环境污染等问题。膜法天然气脱水脱酸具有过程简单、能耗低（仅为常规工艺的$1/4$）、设备紧凑（处理单元体积减小80%）等优点，是天然气净化的发展方向。脱水膜材料主要有醋酸纤维素（CA）、聚酰胺、聚氨酯等，CA膜化学稳定性好、抗污染能力强，在海上平台等苛刻环境中被广泛应用，水汽渗透通量可达$0.1\,kg/(m^2 \cdot h)$以上；脱酸膜材料主要有聚乙烯亚胺（PEI）、有机胺改性聚醚砜等，CO_2和H_2S的渗透系数是CH_4的$100 \sim 1000$倍。天然气脱水脱酸一般采用两级膜分离工艺：第一级主要脱除游离水和CO_2，采用CA复合膜；第二级深度脱除水蒸气和H_2S，采用PEI复合膜。典型的脱水装置产气水露点$< -60\,^\circ C$，CO_2去除率$> 95\%$；脱酸装置酸气去除率$> 99\%$，CO_2和H_2S含量可降至ppm级。

天然气脱水脱酸膜工艺在中小规模气田得到推广应用。美国Cameron公司研制的GENERON膜脱水脱酸系统已在近百座天然气净化厂应用，单套规模可达$10 \times 10^4\,m^3/d$，脱水能耗降低75%；法国苏伊士集团开发的MemSep膜系统已在欧洲和中东地区应用，气田水汽、CO_2去除率均在99%以上。国内渤海油田、涩北气田等采用二级膜脱水脱酸工艺，天然气水露点降至$-75\,^\circ C$，净化气甲烷含量$> 98\%$，实现了天然气的高值化利用。进一步降低膜成本、提高膜通量与选择性、解决高压天然气净化的膜污染问题，是该领域的研究热点。

（三）油田伴生气回收膜技术

油田采油过程中产生大量伴生气，主要成分为低碳烷烃（C1~C5），直接排空燃烧不仅浪费资源，而且产生温室气体，因此需回收利用。伴生气分离回收的常规方法有低温冷凝、溶剂吸收和压力摇摆吸附等，存在能耗高、装置庞大、操作复杂等问题。膜分离法可在常温下实现伴生气中烃类的高效富集与提纯，能耗仅为低温冷凝法的$1/3$。伴生气分离膜材料主要有聚二甲基硅氧烷（PDMS）、聚氨酯（PU）、聚砜（PSF）等高分子，以及SAPO-34、ZSM-5等分子筛。研究表明，PDMS复合膜对C3+烷烃/甲烷的选择性可达15以上，渗透通量$> 1 \times 10^{-7}\,mol/(m^2 \cdot s \cdot Pa)$；ZSM-5分子筛膜对C4+烷烃/甲烷的选择性则高达$50 \sim 200$。基于上述膜材料，构建了多种伴生气分离膜工艺，例如：两级膜分离法，一级采用致密PDMS膜富集C3+，二级采用分子筛膜提纯C4+；低温冷凝—膜分离耦合法，利用低温（$-30\,^\circ C$）冷凝预富集重烃，再经PDMS膜深度提纯；多级膜—冷凝耦合法，每级膜分离后经冷凝回收液化烃，最终获得高纯C1、C2、LPG等产品。

油田伴生气膜法回收已开展中试示范。中石油长庆油田采用中空纤维PDMS/PU复合膜回收伴生气，日处理气量$1.0 \times 10^4\,m^3$，C3+回收率$> 85\%$，膜通量稳定在$1.0\,m^3/(m^2 \cdot h)$以上；华北油田采用管式分子筛膜分离$80\,m^3/h$油田伴生气，提质天然气甲烷含量由92%升至97%，年回收液化石油气（LPG）8000余吨。进一步开发高性能抗污染膜材料、减少浓差极化、提高膜面积利用率等，是实现伴生气膜法回收产业化的关键。

总之，油气分离与回收是石油化工节能减排、清洁生产的重要领域，也是膜分离技术的优势应用方向。天然气脱水脱酸、油田伴生气回收等膜技术的推广应用，不仅可显著降低能耗、减少污染，实现烃类资源的高效利用，而且有利于推进石油化工由粗放式向集约型、绿色化转变。但目前油气分离膜材料性能不足、膜过程能耗有待进一步降低、工程放大与过程强化亟须加强等问题依然突出，迫切需要加大油气分离基础理论研究，突破高性能分离膜材料制备、膜过程模拟优化、工程放大与过程集成等关键核心技术，以完善油气分离膜工艺技术标准体系，加速科技成果转化与产业化应用。相信随着油气高效分离新原理、新方法的不断突破，膜法油气分离必将在更大范围、更高水平得到应用，成为石油炼制与化工生产的"倍增器"，让膜分离技术在推动石油化工绿色发展、构建清洁低碳现代能源体系中发挥更大作用。

二、油品净化与脱盐

原油及其加工过程中普遍含有酸性物质、含硫化合物、胶质、沥青质及各类盐分等杂质，严重影响着燃料油的品质和加工设备的使用寿命。常规的油品净化方法如酸碱洗涤、黏土脱色、加氢精制等存在能耗高、污染大、药耗多等问题，而常规的电脱盐虽然分离效率高，但处理能力小、易形成乳状液、易结垢等缺陷明显。膜分离技术以其分离彻底、过程简单、装置紧凑等优势，在油品净化与脱盐领域展现出广阔的应用前景。本节将重点探讨油品净化与脱盐用膜材料与膜过程、超滤脱沥青质与胶质、纳滤脱除酸性物质与含硫化合物、反渗透高效脱盐等膜法油品质量升级新技术，剖析膜分离在绿色炼油、清洁燃料油生产中的应用实践及发展趋势。

（一）油品净化与脱盐用膜材料及膜过程

油品净化与脱盐过程复杂多样，针对不同的杂质类型和含量需优选匹配的膜材料与膜过程。就膜材料而言，有机高分子膜和无机陶瓷膜是目前应用最广、研究最多的两类。有机高分子膜材料主要包括偏氟乙烯（PVDF）、聚醚砜（PES）、聚丙烯（PP）等，其中PVDF膜化学稳定性好、耐油性强，在含硫原油脱沥青质、降凝点等方面应用广泛，PES和PP膜则多用于汽柴油的精细脱水、脱盐。无机陶瓷膜以其高强度、高耐热、高耐溶剂特性，在苛刻的热加工环境下表现出明显优势。氧化铝（Al_2O_3）、氧化锆（ZrO_2）、氧化钛（TiO_2）等陶瓷膜材料在油品超临界萃取、催化裂化、加氢裂化尾气分离等过程中得到广泛应用。此外，将无机颗粒填充到高分子基体中制备的有机—无机杂化膜，在强化传质、抑制污染、耐热耐压等方面展现出独特优势，成为油品膜分离过程中的研究热点。

油品净化与脱盐的膜分离过程主要有微滤（MF）、超滤（UF）、纳滤（NF）和反渗透（RO）等。其中，MF主要去除微米级固体颗粒，在含蜡原油、重质燃料油的预处理过程中应用；UF主要截留聚集态胶质、沥青质等大分子物质，分子量截留范围在1万～50万D；NF

主要脱除含硫化合物、有机酸等小分子物质，分子量截留范围在200～1000 D；RO则主要脱除油品中的水溶性盐类，渗透压较高，分离机理以溶解扩散为主。应根据油品中杂质性质与含量的不同，优选匹配的膜分离过程与膜材料体系，实现油品净化与质量升级的目标。

（二）超滤脱除沥青质与胶质

沥青质和胶质是原油及其产品油中的大分子杂质，不仅影响油品的黏度、凝点等使用性能，而且易引起炼油设备结焦、堵塞等问题。超滤膜凭借其优异的截留性能，可将油品中胶束态、聚集态的沥青质和胶质有效脱除，是油品升级改质的有效手段。研究表明，PVDF中空纤维超滤膜对胶质和沥青质的截留率高达95%以上，渗透通量可达100 L／（$m^2 \cdot h$），处理后的原油凝点下降10 ℃以上，黏度降低50%以上。丙烯腈—丁二烯—苯乙烯共聚物（ABS）／PVDF复合超滤膜对胶质的截留率可达98%以上，且抗污染性能优异，处理3000 ppm胶质溶液8 h后通量下降不到20%。国内某煤焦油加工厂采用管式Al_2O_3超滤膜处理焦油，处理量120 t／d，胶质、沥青质去除率达75%以上，凝点降低15 ℃，黏度降低2／3以上，大大延长了后续加氢裂化装置的运行周期和催化剂使用寿命。可见，超滤膜技术在油品脱沥青质、脱胶质等方面优势明显，发展高通量、高选择性、抗污染的超滤膜材料与膜组件，是实现工业化应用的关键。

（三）纳滤脱除酸性物质与含硫化合物

酸性物质如有机酸、萘酚类化合物等和含硫化合物如硫醇、硫醚、噻吩等是影响油品质量和加工过程的关键杂质，易引起设备腐蚀、催化剂中毒失活等。纳滤膜可有效截留酸性物质和含硫化合物，使其富集于浓缩液中，从而达到净化油品的目的。PES纳滤复合膜在2.0 MPa操作压力下，对萘酚的截留率高达98%以上，渗透通量＞60 L／（$m^2 \cdot h$），且经聚乙二醇（PEG）改性后抗污染性能显著提高。聚酰胺纳滤复合膜对二苯并噻吩（DBT）的脱除率可达80%以上，通量高达10 L／（$m^2 \cdot h$），同时对烷烃、芳烃的截留率低于10%，实现了硫醇类物质的选择性分离。此外，以ZrO_2、TiO_2为代表的陶瓷纳滤膜也展现出优异性能，TiO_2／Al_2O_3复合陶瓷膜在150 ℃加氢尾油脱硫过程中对二苯并噻吩的脱除率高达95%以上，且通量稳定在30 L／（$m^2 \cdot h$）以上。中海油天津分公司采用管式TiO_2／Al_2O_3纳滤膜净化汽柴油，含硫量由1200 ppm降至50 ppm以下，酸值由2.5 mg KOH／g降至0.2 mg KOH／g以下，产品达到国Ⅵ标准，实现了超低硫、超低酸油品的生产。

（四）反渗透高效脱盐

原油中普遍含有氯化钠、硫酸钠等无机盐，易引起换热器结垢、塔釜腐蚀等问题，因此需进行预脱盐。常规电脱盐虽然分离效率高、能耗低，但处理量小，易出现油水乳化、结垢等问题。反渗透膜恰好克服了上述不足，脱盐效率高（脱除率＞99%），分离彻底（脱盐油含水量＜0.1%），且装置密集紧凑，是高效原油脱盐的理想手段。芳香族聚酰胺薄膜复合反渗透膜具有优异的脱盐性能，在 5.0 MPa 压力下对 NaCl 的截留率高达 99.8%，渗透通量可达 50 L /（$m^2 \cdot h$），且经过表面亲油改性后抗污染能力大大提高，在含水 30% 的模拟原油中连续运行 100 h，通量下降不到 15%。国内大庆油田采用 ESPA2-4040 型反渗透膜元件脱除原油中无机盐，设计进油量为 20 m^3 / h，在操作压力 8.0 MPa 下，出油含盐量降至 10 mg / L 以下，脱盐率 >99%，含水量 0.05%，能耗仅为 0.26 kW·h / m^3，成功实现了高含水、高含盐原油的高效脱盐。进一步开发高性能芳香族聚酰胺反渗透膜材料、优化流道结构设计、建立反渗透—电脱盐耦合新工艺，是实现原油高效脱盐产业化应用的重点研究方向。

综上所述，油品净化与脱盐是提高石化产品质量、保障装置安全高效运行的重要环节，也是膜分离技术的重点应用领域。超滤、纳滤、反渗透等膜技术的推广应用，可从分子水平实现油品中沥青质、酸性物质、含硫化合物和无机盐等杂质的精细分离与脱除，在提高产品质量、优化工艺路线、节能减排增效等方面展现出独特优势。但目前油品膜分离在抗污染能力不足、通量不高、工程放大困难等方面还面临诸多挑战，亟须着力加强膜材料、膜过程、膜组件与成套装备的基础研究和关键核心技术攻关，优化膜分离与传统油品净化工艺的耦合机制，加快先进技术成果的工程化应用。相信随着分离膜材料的不断改进、膜过程强化与模块化的持续深入，必将推动油品膜法净化技术的产业化进程，让高性能膜分离技术成为催化石油炼制与化工生产绿色升级的"助推器"，以源头减排、过程强化、清洁生产的膜法实现石化工业的清洁化、高质量、可持续发展。

三、催化裂化过程中的膜技术应用

催化裂化是利用分子筛催化剂将重质油品裂解为轻质油品的过程，是石油炼制的核心单元之一。然而，催化裂化装置存在能耗高、物耗大、污染重等问题，特别是催化裂化尾气中含有大量 CO、H_2 和低碳烃类（C2~C4），直接燃烧不仅浪费资源，还会产生大量 CO_2、NO_x 等温室气体和污染物。近年来，膜分离技术以其高效、节能、环保等优势在催化裂化过程节能减排、资源综合利用等方面得到了广泛重视。本节将重点论述催化裂化装置 VOCs 回收用分子筛膜、催化裂化汽油脱硫脱氮用复合膜、催化裂化尾气提氢用 Pd 膜等新型膜材料与膜过程，阐明膜技术与催化裂化流程的耦合机制，剖析膜分离在催化裂化装置清洁化改造、绿色升级中的应用前景。

（一）催化裂化装置 VOCs 回收用分子筛膜

催化裂化汽油是催化裂化装置的主要产品，但因其含有大量 C4~C7 烃类挥发性有机物（VOCs），极易造成无组织排放。常规 VOCs 回收方法如冷凝吸附法，能耗高、效率低，而分子筛膜可通过分子筛分机制实现低碳烃与空气的高效分离，特别适用于催化裂化汽油贮运过程中 VOCs 的回收利用。研究表明，SAPO-34 分子筛膜对 C4 烃 / 空气的理想选择性高达 100 以上，丙烯渗透通量可达 1.0×10^{-6} mol /（$m^2 \cdot s$），远高于高分子膜材料；碳化硅分子筛膜对 C5~C7 混合烃的渗透蒸气压可提高 1~2 个数量级，实现了汽油轻烃近百分之百的回收。在

$100\ m^3/h$ 催化裂化汽油罐呼吸废气中试装置上，SAPO-34 中空纤维膜对 VOCs 的脱除率达 95% 以上，回收液化气（LPG）纯度 $\geq 99\%$，膜通量稳定在 $0.2\ m^3/(m^2 \cdot h)$ 以上，实现了催化裂化汽油轻烃近零排放。

（二）催化裂化汽油脱硫脱氮用复合膜

催化裂化汽油虽然辛烷值高，但含硫（S）、氮（N）化合物较多，燃烧后易产生 SO_x、NO_x 等污染物。常规加氢精制工艺脱硫效率低，且易使烯烃加氢饱和、辛烷值下降。而纳滤膜可选择性分离截留含 S、N 化合物，保留汽油中高辛烷值组分。研究发现，有机溶剂纳滤复合膜对二苯并噻吩（DBT）、吲哚（IND）的截留率高达 95% 以上，渗透通量可达 $20\ L/(m^2 \cdot h)$，且烃类截留率低于 10%。将纳滤脱除含 S、N 化合物与常规加氢精制耦合，可使催化裂化汽油中 S 含量降至 10×10^{-6} 以下、N 含量降至 5×10^{-6} 以下，辛烷值提高 2~4 个单位。在某 10 万吨/年催化裂化汽油加氢装置上，采用管式 SiO_2/Al_2O_3 纳滤膜替代部分加氢反应器，含硫化合物的脱除率由 55% 提高至 95% 以上，辛烷值由 80 提高至 84，加氢催化剂用量减少 30%。

（三）催化裂化尾气提氢用 Pd 膜

催化裂化尾气中含有 30% 以上的 H_2、CO 等可燃组分，回收利用可减少资源浪费、实现能量梯级利用。但尾气压力低（0.1~0.2 MPa）、含尘量高，常规变压吸附（PSA）工艺净化成本高。而 Pd 膜可在 300~600℃ 实现高纯氢的选择性分离，且抗污染能力强，在低压、含尘催化裂化尾气提氢净化领域优势明显。以 Pd/陶瓷复合膜为例，在 400℃、0.2 MPa 分压差下，H_2 渗透通量高达 $50\ mL/(min \cdot cm^2)$，分离系数可达 1000 以上。在某 13.5 万 m^3/h 催化裂化装置尾气提氢中试系统中，采用管式 Pd/不锈钢复合膜提氢，尾气增压至 0.3 MPa 后进入膜分离单元，H_2 回收率达 85%，纯度 $\geq 99.99\%$，CO 去除率达 90% 以上，且膜通量 100 h 内下降不到 10%，实现了催化裂化尾气高值化、清洁化利用。

综上所述，膜分离作为一种高效、节能、环保的分离新技术，与催化裂化过程耦合应用，可显著提高装置能效水平、资源利用率和环境绩效。分子筛膜法催化裂化汽油 VOCs 回收、纳滤—加氢耦合催化裂化汽油超深度脱硫、Pd 膜催化裂化尾气提氢等技术的推广应用，不仅可减少污染物排放，提高产品质量，而且能创造可观的经济效益、社会效益和环境效益。但催化裂化过程用膜材料分离性能不足、膜面积高、工程放大困难等问题依然突出，亟须借鉴化工、材料、能源等多学科交叉研究成果，加强对高性能分子筛膜、有机溶剂纳滤膜、金属陶瓷复合膜等的基础研究，突破膜材料制备、模块集成、膜过程放大等关键技术，建立健全催化裂化膜分离过程数学模型体系，加速科技成果转移转化。可以预见，随着催化裂化与膜分离技术耦合机制的不断深化、集成工艺包的日臻完善，膜技术在炼油化工清洁生产、高值利用、绿色发展中将发挥越来越重要的作用。膜技术与传统石化工艺的"强强联合"，必将推动石油炼制与石油化工由粗放式向集约型、环境友好型跨越，让膜成为引领传统产业转型升级的"助推器"，以膜法实现能源与环境的协同共赢。

第二节 膜法海水淡化与苦咸水利用

一、海水淡化技术概述

海水淡化是指采用物理或化学方法除去海水中的无机盐、有机物、微生物等杂质制取淡水的过程。地球上97.5%的水资源以海水形式存在，但因其矿化度高（通常为30000～40000 mg／L）、pH值偏碱（7.8～8.3）而不能直接使用。随着人口增长、工农业发展和气候变化，全球淡水资源短缺日益严重，发展海水淡化已成为缓解淡水危机、实现水资源可持续利用的战略选择。据统计，目前全球120多个国家和地区开展了海水淡化实践，淡化装备总容量已超过1亿m³／d，淡化水已占人类淡水使用量的1%以上。本节将系统阐述传统海水淡化技术的发展现状、存在问题及面临的挑战，剖析高性能分离膜材料、新型膜法淡化工艺等方面的最新进展，展望膜法海水淡化产业发展趋势，以期为破解淡水资源危机、推动海水淡化产业可持续发展提供决策参考。

（一）传统海水淡化方法及其局限性

传统的海水淡化方法主要包括蒸馏法和冷冻法两大类。蒸馏法是利用海水在加热条件下汽化蒸发除盐的过程，主要有多级闪蒸（MSF）、多效蒸馏（MED）和热蒸气压缩（TVC）等工艺。其中，MSF和MED是应用最早、装机容量最大的两种工艺，但能耗高（50～80 kW·h／m³）、设备投资大、维护费用高等问题突出。冷冻法是利用海水在降温条件下结冰析盐的过程，主要有真空冷冻（VF）、常压冷冻（AF）等工艺，可回收40%～50%淡水，产水水质优于蒸馏法，但能耗更高（100～150 kW·h／m³），冷冻析盐和洗涤分离也更加复杂。此外，蒸馏法和冷冻法淡化装置的单套规模较小（通常为5000～10000 m³／d），难以满足大规模淡化需求；装置密度小[10～20 m³／（d·m²）]，占地面积大；对原水水质要求高，易结垢腐蚀。

为克服上述不足，离子交换（IE）和电渗析（ED）等新型海水淡化技术相继出现。IE法是利用离子交换树脂与海水中阳离子（Na^+、K^+、Ca^{2+}等）、阴离子（Cl^-、SO_4^{2-}等）进行可逆交换，从而脱除盐分的过程。与蒸馏法相比，IE法能耗较低（5～10 kW·h／m³），产水硬度更低，但存在树脂再生周期短（通常为30～50 h）、酸碱药剂消耗量大、污染问题突出等不足。ED法是在直流电场作用下，通过阴／阳离子交换膜将海水中盐离子迁移至浓缩室，同时将淡水留在脱盐室，从而实现海水脱盐的过程。与蒸馏法相比，ED法能耗更低（3～5 kW·h／m³），但极化现象严重，通量较低，且海水电导率高，能耗仍不理想。

（二）膜法海水淡化的优势与挑战

与传统蒸馏法、冷冻法及离子交换等物化法相比，膜分离法海水淡化具有产水水质好、能耗低、工艺简单等优点，成为海水淡化技术的重要发展方向。膜法海水淡化主要采用反渗透（RO）、纳滤（NF）和正渗透（FO）等压力驱动膜过程。其中，RO法是应用最广、技术最成熟的海水淡化方法，RO膜在 $5.0 \sim 8.0$ MPa操作压力下对无机盐截留率高达99.3%以上，产水硬度低于 10 mg／L（以 $CaCO_3$ 计），远优于蒸馏法，且能耗仅为 $15 \sim 25$ kW·h／m³，是蒸馏法的 $1/4 \sim 1/3$。此外，RO装置密度大 $[300 \sim 500 \ m^3／（d·m^2）]$，单套生产能力可达 100000 m³／d，适合大规模集中式淡化。NF膜孔径介于RO和UF之间，兼具部分脱盐和高通量特点，操作压力为 $1.5 \sim 2.5$ MPa，电导率去除率为 40%～60%，在海水预处理软化、硼酸盐脱除等方面独具优势。FO膜利用高渗透压载体（如氨—二氧化碳溶液等）作为驱动力，在自发渗透作用下实现海水脱盐，能耗低（$1 \sim 2$ kW·h／m³），但通量低 $[2 \sim 6 L／（m^2·h）]$、载体再生成本高等问题有待突破。

尽管膜法海水淡化已成为主流技术路线，但在大规模应用推广中仍面临诸多挑战：一是海水中高浓度无机盐、胶体颗粒、微生物等易引起RO膜表面浓差极化和污染，导致膜通量大幅衰减、清洗频率增加、使用寿命缩短；二是RO装置的高压泵能耗占总能耗的60%以上，如何在保证脱盐率的基础上最大限度降低操作压力是关键；三是RO浓水（盐度为 $55000 \sim 70000$ mg／L）的直排将引起海洋生态破坏，因此需发展浓水减量化、零排放等工艺；四是RO法脱硼效率不高（硼酸盐截留率<70%），当产水用于农业灌溉时需进一步强化脱硼；五是对于高盐度苦咸水，盐度高达 $100000 \sim 150000$ mg／L，常规RO工艺已不能满足使用要求，需开发超高压RO或其他净化新技术。

（三）高性能海水淡化膜材料与淡化过程

针对上述问题，开发高性能海水淡化膜材料与新型膜过程是重要的解决途径。在RO膜材料方面，以芳香族聚酰胺薄膜复合膜（TFC）为代表的高性能海水淡化膜材料不断涌现。通过界面聚合引入—SO_3H、—COOH、—OH等亲水基团，采用表面接枝 TiO_2、SiO_2 等无机纳米粒子或石墨烯、碳纳米管等低维材料，可显著改善TFC膜的亲水性、平滑度和抗污染性，使其在 $90.0 \sim 95.0$ bar压力下的脱盐率提高到99.7%以上，硼酸盐截留率提高到93%以上，且膜通量提高20%～30%。采用层状金属硫族化合物（如 MoS_2、WS_2 等）与聚酰胺复合，制备的新型纳米复合RO膜的水通量是常规TFC膜的2倍以上，且抗氯性和抗污染性能大幅提高。此外，以UiO-66等金属有机骨架（MOF）为填料的混合基质RO复合膜也表现出优异的性能，在 $85.0 \sim 90.0$ bar压力下对NaCl的截留率达99.8%，水通量是常规TFC膜的3倍以上。

在NF膜材料方面，通过界面聚合引入季铵盐阳离子基团，可赋予NF膜一定的正电荷特性，实现对硼酸根、硫酸根等阴离子的选择性分离；在聚醚砜（PES）等超滤基膜上负载 TiO_2、SiO_2 等无机纳米粒子，可制备兼具高抗污染性和高脱盐率的新型纳滤复合膜，电导去除率提高10%～20%。在FO膜方面，主要开发高通量、低内部浓差极化（ICP）的复合FO

膜，如采用高取向聚合物作为基膜，通过表面化学修饰提高疏水性和粗糙度，FO通量可提高30%～50%；在FO支撑层中添加亲水性纳米粒子或亲水性聚合物，可有效抑制ICP，使FO通量提高20%以上。

在膜过程强化方面，主要通过膜材料、膜组件、操作工艺等多层次耦合，发展具有高脱盐率、低能耗、强抗污染等特点的新型海水淡化膜集成工艺。在预处理方面，采用"絮凝／活性炭吸附＋UF"替代常规的"混凝沉淀＋砂滤"，可使进水SDI值降至2.0以下，大幅减轻RO膜污染。在高回收率方面，"美国海水淡化研究中心开发的两段纳滤—两段反渗透集成工艺，可实现65%～70%的回收率，淡水硬度<10 mg／L"；以色列Rotenberg海水淡化厂采用16英寸超大通量RO膜元件＋能量回收装置（ERD），系统回收率达53%，产水成本降至0.52美元／m^3。在浓水处理方面，韩国开发了RO-MD（膜蒸馏）耦合零排放新工艺，RO浓水经MD进一步浓缩后经结晶、蒸发制取固体盐，综合回收率达90%以上。在能量优化方面，汤姆逊公司开发的"RO＋ERD＋太阳能光伏"耦合系统，实现了海水淡化与清洁能源的一体化应用，单位淡水电耗降至3.0 kWh／m^3。

综上所述，海水淡化是破解全球淡水资源危机的重要手段，膜法淡化以其高脱盐率、低能耗等优势成为海水淡化技术的重要发展方向。面对日益严峻的淡水供需矛盾，迫切需要加强对高性能海水淡化膜材料的基础研究，突破反渗透、纳滤、正渗透等新型膜过程的关键核心技术，优化多种淡化工艺的耦合集成，大力发展太阳能驱动、清洁高效的新型海水淡化技术。同时，还需完善海水淡化产业政策与标准，创新淡化水定价与财税支持机制，促进先进海水淡化技术成果转化与产业化应用。相信随着高性能分离膜材料制备工艺的不断成熟、新型膜法海水淡化工艺技术的日益完善，必将极大提升海水淡化的清洁化、规模化水平，推进"废水变资源、淡水可持续"发展理念的落地实现，以源源不断的"人造淡水"保障经济社会可持续发展，让膜分离技术在"碧水保卫战"中发挥更大作用。

二、反渗透在海水淡化中的应用

反渗透（reverse osmosis，RO）是目前应用最广泛、技术最成熟的海水淡化方法，在全球海水淡化装机容量中占比超过60%。RO法利用半透膜在压力驱动下对无机盐和有机物的选择性截留作用，实现海水的高效脱盐与淡化。与传统的蒸馏法、电渗析法相比，RO海水淡化具有脱盐效率高、产水水质优、能耗低、工艺简单等优点，成为海水淡化技术的重要发展方向。本节将重点阐述反渗透海水淡化的基本原理、工艺流程、关键技术、应用现状及存在的问题，探索反渗透海水淡化的强化新策略，展望其未来的发展趋势，以期为推动RO海水淡化技术的创新突破、产业规模化发展提供有益参考。

（一）反渗透海水淡化的基本原理

反渗透是在外加压力驱动下，利用半透膜对溶剂和溶质的渗透性差异实现选择性分离的过程。将反渗透过程应用于海水淡化时，需克服海水的渗透压（通常为2.5～3.5 MPa），使水分子优先透过RO膜而盐分子被截留，从而实现海水的脱盐与淡化。RO海水淡化的分离机制主要包括空间位阻效应与静电斥力作用。空间位阻效应是指无机盐和有机物分子尺寸大于RO膜孔径（通常为0.1~1.0 nm），难以透过致密的RO膜而被截留；静电斥力作用是指带负电的RO膜表面与水中阴离子（SO_4^{2-}、Cl^-等）之间存在库仑斥力，使其难以通过膜，从而提高脱盐率。

反渗透海水淡化的关键性能指标包括脱盐率（盐截留率）、产水通量、运行压力和回收率等。脱盐率是指进水中的盐分被RO膜截留去除的程度，取决于RO膜的性能和操作条件，一般在98.0%~99.8%。产水通量是指单位时间内透过单位RO膜面积所产生的淡水量，通常用L/（m^2·h）表示。运行压力是RO装置正常运行时的操作压力，压力越高脱盐率和通量越高，但能耗也随之增加，一般控制在5.5~7.0 MPa。回收率是指进水流量中转化为产水流量的百分比，回收率越高淡水产量越大，但浓水量小，易发生污染和结垢。

（二）反渗透海水淡化的工艺流程

反渗透海水淡化的基本工艺流程通常包括取水、预处理、加压、反渗透、后处理等环节。

取水是利用泵站或重力流方式将海水输送至淡化厂的过程。为减少藻类、悬浮物等杂质的影响，取水点应选在离岸较远、水质较好的海域，同时应避开工业污染、赤潮频发区。

预处理是采用过滤、混凝、消毒等方法去除海水中的悬浮颗粒、胶体、微生物等杂质，并调节pH值、加入阻垢剂，以保护RO膜免受污染和结垢。常见的预处理工艺有网格过滤器＋多介质过滤、精密过滤＋保安过滤、超滤等。

加压是利用高压泵（柱塞泵、离心泵等）将预处理后的海水加压至5.5~7.0 MPa，克服渗透压，实现水的反渗透过程。同时，加入部分产水用于冲洗RO膜表面的污垢，以减轻浓差极化现象。

反渗透是在压力驱动下，透过RO膜实现海水脱盐的过程。RO装置通常采用卷式膜组件，将进水分为产水和浓水两路，浓水经能量回收装置（ERD）的增压后排放，产水进入后处理系统。

后处理主要包括除氯、除硼、矿化平衡和消毒等环节。采用活性炭吸附可有效脱除游离氯，防止管网再污染；采用选择性吸附树脂可深度脱除硼酸盐；通过投加石灰或白云石粉可调节水的pH值、硬度和碱度；最后经紫外线或氯消毒即可作为饮用水、工业用水。

（三）反渗透海水淡化的关键技术

反渗透海水淡化的关键技术主要包括高性能RO膜材料、大通量卷式膜组件、节能型ERD、清洁高效预处理和反渗透—纳滤集成等。

在RO膜材料方面，以复合聚酰胺薄膜为代表的高性能海水淡化膜不断涌现。通过优化界面聚合工艺，在聚酰胺层中引入亲水性基团（—COOH、—SO_3H等），采用表面涂覆改性，负载无机纳米粒子或石墨烯等新型纳米材料，制备的新型复合RO膜的水通量可提高50%以上，脱盐率达99.8%以上，且抗污染性能大幅提升。

在卷式膜组件方面，采用超大直径（16~18英寸）低压降流道，填充高密度折叠式膜片，可制得高通量、大产量的新型卷式海水膜元件，单支产水量可达 30～50 m³/d，是传统 8 英寸标准元件的 3～4 倍。在相同进水条件下，大通量膜元件可使系统回收率提高 10% 以上，产水成本降低 15%～20%。

在 ERD 方面，研制了新型定子转子式、双级透平式等高效 ERD，能量回收效率高达 95%～98%，同时可将 RO 系统能耗降低 40%～60%。此外，采用可变频高压泵、智能化监控等技术，可实现 RO 系统的柔性调控与节能优化运行。

在预处理方面，近年来超/微滤膜预处理技术发展迅速。采用带式/管式中空纤维超滤膜取代常规的"混凝沉淀+砂滤"，出水 SDI < 2，浊度 < 0.1 NTU，大幅减轻了 RO 膜污染，使系统清洗周期延长 1 倍以上。此外，采用臭氧、UV 等深度氧化预处理，可有效控制海水中溶解性有机物、微生物等对 RO 膜的污染。

在工艺集成方面，将 RO 与 NF 膜有机结合，构建 RO-NF 集成膜法海水淡化新工艺。NF 膜对二价盐离子和硼酸盐去除效果好，采用 NF 作为 RO 的预处理，可软化海水，提高 5%～10% 系统回收率，减少 RO 结垢风险，同时大幅降低产水中硼含量，提高水质。沙特阿拉伯 Ras Al Khair 海水淡化厂采用"沉淀软化+CMF 过滤+双级 NF+双级 RO+混床"集成工艺，系统回收率高达 60%，单系列产水量 100 万 m³/d。

（四）反渗透海水淡化的应用现状

反渗透法已成为海水淡化的主导技术，随着节能和抗污染等关键技术的突破，RO 海水淡化的应用规模不断扩大。据不完全统计，全球已投产和在建的日产 10 万 m³ 以上的大型 RO 海水淡化厂已超过 100 座。

以色列 Ashkelon 海水淡化厂是世界首个也是规模最大的 BOT-RO 海水淡化项目，采用"混凝沉淀+砂滤+UF+RO+后处理"工艺，设计规模 33 万 m³/d，实际产水量可达 39 万 m³/d，运行压力 69 bar，系统回收率 48%，产水 TDS < 10 mg/L，电耗 3.9 kWh/m³，单位水成本 0.52 美元/m³，远低于以色列当地自来水价格。

新加坡 Tuas 海水淡化厂是亚洲最大的 RO 海水淡化厂，采用"DAF+UF+SWRO+BWRO+后处理"双级 RO 工艺，设计规模 36 万 m³/d，系统回收率 50%，硼含量 < 0.5 mg/L，电耗 < 3.0 kW·h/m³，单位水成本 0.49 美元/m³，在满足新加坡近 30% 的用水需求的同时，有力保障了国家水安全。

我国自 20 世纪 80 年代起开展 RO 海水淡化研究，经过 30 多年的发展，在 RO 膜材料、装备、工程应用等方面取得长足进步。天津、大连、青岛、舟山等沿海城市已建成一批日产 5 万～10 万 m³ 的大中型 RO 海水淡化厂，解决了当地供水问题。代表性工程如天津北排河 100 万 m³/d 和曹妃甸 50 万 m³/d 海水淡化项目，采用国产"超滤—二级 RO"大型成套装备，运行稳定，水质优于国标。此外，在海岛、核电站、海上油气田等场合，分布式 RO 海水淡化装置得到推广应用，淡化规模在 50～3000 m³/d 不等。

（五）存在问题与发展趋势

尽管RO海水淡化取得长足发展，但其在大规模推广应用中仍面临诸多挑战，如RO膜污染问题依然突出，抗污染膜材料有待进一步优化；能耗成本仍偏高，"RO+可再生能源"耦合减排增效潜力有待挖掘；浓水处置方式单一，浓水减量化、梯级利用亟须加强；高硼海水淡化工艺有待完善，深度脱硼与微量元素精准调控的矛盾依然突出。

针对上述问题，RO海水淡化的未来发展趋势主要体现在以下方面：一是发展高通量、低能耗的抗污染修饰RO膜材料；二是优化超低压大通量RO膜组件的流道设计与密封结构；三是拓展"RO+太阳能/风能"耦合发电淡化新模式，实现海水淡化减碳增效；四是建立RO浓水减量化与梯级利用新工艺，最大限度实现浓水资源化；五是强化NF-RO膜集成工艺，构建覆盖深度脱硼和微量元素精准调控的新型淡化水质保障体系。

海水淡化是破解淡水资源危机的重要途径，反渗透以其高效、环保、经济等优势成为海水淡化的主导技术。面向国家"碧水保卫战"的战略需求，迫切需要加强对RO海水淡化的基础理论、关键材料、核心装备的自主创新，优化多种淡化工艺的耦合集成，大力发展规模化、产业化的新型RO海水淡化技术。同时，加快完善RO海水淡化产业政策，创新财税、价格等支持机制，加速科技成果转化与示范应用。相信随着新材料、新工艺、新装备的持续突破，必将极大提升RO海水淡化的技术经济性、清洁高效化水平，为沿海城市乃至岛屿等缺水地区提供源源不断的"人造淡水"，以膜法海水淡化实现水资源的可持续利用，为经济社会发展提供坚实的水资源保障。

三、苦咸水利用的膜技术进展

苦咸水是一种天然存在的水资源，广泛分布于内陆和沿海地区。相较于海水，苦咸水的盐度较低，但仍高于淡水，无法直接使用。传统的苦咸水利用方法包括蒸发法、电渗析法等，存在能耗高、效率低等问题。近年来，膜技术在苦咸水利用领域取得了显著进展，为高效、经济地开发利用苦咸水资源提供了新的思路和方法。

（一）反渗透膜技术

反渗透（RO）膜技术是目前应用最广泛的苦咸水脱盐方法之一。RO膜具有极高的脱盐率和水通量，能够有效去除苦咸水中的无机盐、有机物和微生物等杂质，产水水质优良。但是，由于苦咸水中的盐度相对较高，直接采用海水RO膜处理时易发生浓差极化和膜污染问题，导致膜通量下降和运行成本增加。

为解决上述问题，研究人员开发了专门用于苦咸水脱盐的低压RO膜。与传统海水RO膜相比，低压RO膜的操作压力更低（一般小于1.5 MPa），能耗更小，且抗污染能力更强。目前，商业化的低压RO膜主要包括陶氏FilmTec BW30、海德能ESPA、东丽TML等系列产品，其脱盐率可达98%以上，水通量可达40 L／（m²·h）以上。

在实际应用中，低压 RO 膜常与预处理工艺联用，以进一步提高系统性能和稳定性。例如，采用超滤（UF）或微滤（MF）作为预处理，可有效去除苦咸水中的悬浮物和胶体物质，减轻 RO 膜的污染负荷；采用阻垢剂、清洗等化学方法，可定期去除膜面污染物，恢复膜性能。

（二）纳滤膜技术

纳滤（NF）膜是介于 RO 膜和 UF 膜之间的一种压力驱动膜，对一价离子和低分子量有机物具有较高的截留率，而对二价离子（如 Ca^{2+}、Mg^{2+}、SO_4^{2-} 等）的截留率相对较低。利用 NF 膜的选择性分离特性，可实现苦咸水的部分脱盐和软化。

与 RO 膜相比，NF 膜的操作压力更低（通常小于 1.0 MPa），能耗更小，产水率更高。因此，采用 NF 膜处理苦咸水，可在保证去除水中钙镁离子的同时，最大限度地减少能量消耗和浓水排放。目前已有多种商业化 NF 膜产品应用于苦咸水软化，如陶氏 FilmTec NF 系列、海德能 ESNA 系列等，其脱盐率可达 40%～60%，产水率可达 75%～90%。

近年来，研究人员还开发了纳滤—反渗透（NF-RO）联用工艺，用于处理高硬度苦咸水。该工艺先采用 NF 膜进行预软化，去除水中的钙镁离子，减少硬度污染；再采用 RO 膜进行深度脱盐，去除残留盐分。与直接采用 RO 膜相比，NF-RO 工艺可有效降低 RO 膜的运行压力和能耗，延长 RO 膜的使用寿命，提高系统的经济性。

（三）电渗析膜技术

电渗析（ED）是利用直流电场作用下离子的迁移实现脱盐的膜分离过程。与 RO、NF 等压力驱动膜过程不同，ED 属于电势驱动过程，无须施加高压，因而能耗相对较低。ED 膜由交替排列的阳离子交换膜（CEM）和阴离子交换膜（AEM）组成，在直流电场的作用下，溶液中的阳离子（如 Na^+、K^+ 等）透过 CEM 并被阴极吸引，阴离子（如 Cl^-、SO_4^{2-} 等）透过 AEM 并被阳极吸引，从而实现脱盐。ED 工艺可应用于处理中低盐度（TDS 小于 5000 mg/L）的苦咸水。

近十年来，随着新型离子交换膜材料的开发和工艺优化，ED 的脱盐性能和经济性不断提高。例如，采用均相离子交换膜代替传统异相膜，可提高膜的选择性和稳定性；采用高频电渗析、电渗析—反电渗析（ED-EDR）等工艺，可抑制浓差极化，提高脱盐效率；采用太阳能、风能等可再生能源驱动 ED 过程，可降低运行成本。目前，ED 已在中小规模苦咸水淡化、废水回用等领域得到应用。

（四）正渗透膜技术

正渗透（FO）是一种新兴的膜分离技术，利用渗透压差实现水分子的选择性迁移和分离。与 RO 等压力驱动过程不同，FO 无须外加压力，因而能耗低、膜污染小。FO 过程需要使用渗透压高于进水的提取溶液，常用的提取溶液包括无机盐溶液（如 NaCl、$MgCl_2$ 等）、有机溶液（如葡萄糖、蔗糖等）等。

FO可用于苦咸水的脱盐和浓缩，尤其适用于高盐度、高污染苦咸水的处理。例如，采用FO-RO联用工艺处理废水，可利用FO膜的低污染特性和RO膜的高脱盐特性，在减轻RO膜污染的同时提高系统的脱盐率和水回收率；采用FO-结晶联用工艺处理苦咸水，可实现水的回收和盐分的分离提取，实现废水的"零排放"。

目前，FO膜材料的开发是该领域的研究重点。理想的FO膜应具备高抑盐性、高通量、低内浓极化等特性。已商业化的FO膜包括美国水化技术创新公司（Hydration Technology Innovations，HTI）的嵌段共聚物（TFC）膜、Oasys Water公司的薄膜复合（TFC）膜等，其水通量可达30 L／（m²·h）以上，抑盐率可达99%以上。但是，FO膜的成本较高，提取溶液的再生和循环利用也面临一定挑战，这些因素限制了FO在苦咸水处理中的大规模应用。

（五）膜蒸馏技术

膜蒸馏（MD）是利用疏水性微孔膜两侧的温差和水蒸气分压差，实现水分子选择性渗透的热力学过程。与RO、NF等压力驱动膜过程不同，MD属于温度驱动过程，操作温度和压力较低，可利用低品位热能（如工业余热、地热、太阳能等）作为能源。MD对进水水质要求低，适用于高盐度、高污染苦咸水的处理。

MD可分为直接接触式（DCMD）、气隙式（AGMD）、真空式（VMD）和扫气式（SGMD）四种基本类型，其中DCMD和AGMD应用最为广泛，这两种类型的MD装置结构简单、操作方便，产水水质优良，脱盐率可达99.9%以上。但是，MD过程存在传热和传质偶合的问题，导致能耗相对较高。

为提高MD的传质传热性能，研究人员开发了多种复合MD膜材料，如PTFE／PVDF复合膜、PVDF／Al_2O_3复合膜等，并优化了膜的孔隙率、孔径分布和表面疏水性等参数。同时，研究人员还探索了MD与RO、FO、结晶等过程的耦合，以提高苦咸水处理的效率和经济性。例如，采用RO-MD集成工艺，可利用RO产生的浓水作为MD的进料，提高系统的水回收率；采用FO-MD耦合工艺，可利用FO的低污染特性和MD的高脱盐特性，减轻膜污染问题。

综上，膜技术在苦咸水利用领域取得了长足进展，为苦咸水资源的高效开发利用提供了新的可能。RO、NF、ED、FO、MD等膜过程各具特色，可根据苦咸水的水质特征和处理要求选择或组合应用。未来，随着分离膜材料和制备工艺的不断创新，以及与其他过程的深度耦合，膜法苦咸水处理有望实现低能耗、高效率、低成本，并在节水、治污、资源化等方面发挥更大作用。

第三节　膜科学技术在新能源领域的应用

一、燃料电池中的膜技术

燃料电池是一种将燃料的化学能直接转化为电能的装置，具有能量转化效率高、环境友好等优点，被视为21世纪最具发展潜力的清洁能源技术之一。燃料电池按照电解质类型可分为多种类型，如质子交换膜燃料电池（PEMFC）、固体氧化物燃料电池（SOFC）、熔融碳酸盐燃料电池（MCFC）等。其中，PEMFC以其启动快、工作温度低、比功率高等特点，在交通运输、便携电源等领域具有广阔的应用前景。

质子交换膜是PEMFC的核心部件之一，起到传导质子和隔离燃料气/氧化剂的作用。质子交换膜的性能直接影响PEMFC的能量转化效率、功率密度和使用寿命。目前商业化的质子交换膜主要是全氟磺酸（PFSA）类材料，如美国杜邦公司的Nafion系列膜。PFSA膜具有优异的质子传导性和化学稳定性，但存在成本高、水合状态严重依赖温度和湿度条件等问题，限制了PEMFC的大规模商业化应用。

（一）全氟磺酸类质子交换膜

全氟磺酸类质子交换膜是目前应用最广泛的PEMFC电解质材料，其结构可描述为亲水的磺酸基团（—SO_3H）接枝到疏水的聚四氟乙烯（PTFE）主链上。Nafion膜是最具代表性的PFSA膜。Nafion分子中亲水的磺酸基团形成纳米尺度的离子簇，构建了膜内的质子传输通道；疏水的PTFE骨架提供了机械强度和化学稳定性。

Nafion膜的质子传导机理主要包括格罗特斯（Grotthuss）机理和载流子机理。格罗特斯机理是指质子通过与水分子形成的氢键网络传输，表现为"质子跳跃"；载流子机理是指质子与水合氢离子（H_3O^+等）一起，在水合离子簇中传输，表现为"载流子迁移"。在Nafion膜中，这两种机理共同作用，实现高效质子传导。

除Nafion外，其他公司也开发了多种PFSA膜，如日本旭化成的Aciplex和东丽的Flemion等。这些膜虽然化学结构略有差异，但质子传导机理与Nafion类似，性能指标也相近。但是，PFSA膜普遍存在成本高（$500\sim1000$美元/m^2）、机械强度随温度升高而下降、质子传导率强烈依赖含水量等问题。因此，研究人员致力于开发成本更低、性能更优异的质子交换膜材料。

（二）非氟质子交换膜

非氟质子交换膜是指不含氟原子的质子交换膜，主要包括芳香族高分子电解质膜和酸掺杂高分子膜等类型。与PFSA膜相比，非氟膜的原材料来源更广泛，成本更低，且在高温低湿条件下具有更好的质子传导性能。

芳香族高分子电解质膜是指在芳香族高分子（如聚醚砜、聚醚醚酮等）上接枝磺酸基或其他质子传导基团制备而成的膜材料。与PFSA膜相比，芳香族高分子具有更高的热稳定性和机械强度，且制备工艺相对简单，成本更低。但芳香族高分子的疏水性较强，导致质子传导率相对较低。为改善其亲水性和质子传导性，可采用共混、共聚等方法引入亲水基团或无机填料。例如，日本旭化成公司开发的PEEK—WC膜，通过在PEEK分子链上接枝磺酸基，并与磷酸掺杂的PTFE复合，获得了兼具高质子传导率和高机械强度的膜材料。

酸掺杂高分子膜是指将无机酸（如磷酸、硫酸等）掺杂到高分子基体中制备的复合膜材料。常用的高分子基体包括聚苯并咪唑（PBI）、聚乙烯吡咯烷酮（PVP）等。酸掺杂可显著提高膜的质子传导率，尤其是在高温无湿/低湿条件下。例如，磷酸掺杂PBI膜在200℃无湿条件下的质子传导率可达0.1 S/cm，远高于Nafion膜。但是，酸掺杂会降低膜的机械性能，且掺杂酸易从膜中流失，导致质子传导率下降。因此，如何提高酸的固定化程度和膜的稳定性是酸掺杂膜面临的主要挑战。

（三）复合质子交换膜

复合质子交换膜是指在高分子基体中引入无机填料制备的复合膜材料，旨在兼顾高分子基体的柔韧性和无机填料的高质子传导性/热稳定性。常用的无机填料包括金属氧化物（如SiO_2、TiO_2等）、酸盐（如$CsHSO_4$、ZrP等）、金属—有机框架化合物（MOF）等。引入无机填料可通过多种方式提高复合膜的质子传导率，如提供额外的质子传输通道、增大膜的保水能力、促进质子载流子的解离等。

MOF因其高比表面积和结构可调性，在复合质子交换膜领域受到广泛关注。MOF是由金属离子/团簇与有机配体通过配位键连接形成的多孔晶体材料，其孔道结构和化学环境可通过选择不同的金属中心和有机配体进行调控。例如，Jun等人采用磺酸化的对苯二甲酸和Zr^{4+}制备了UiO-66型磺酸化MOF（UiO-66-SO_3H），并将其与SPEEK复合制备了MOF复合膜。研究表明，MOF颗粒分散在SPEEK基体中，一方面增大了膜的保水能力，另一方面UiO-66-SO_3H中的—SO_3H基团为质子传导提供了新的途径，从而显著提升了复合膜的质子传导率。

（四）质子交换膜的表征方法

为评估质子交换膜的性能，需采用多种表征手段，对其微观结构、化学组成、热力学性质等进行分析。以下是几种常用的表征方法：

1.傅里叶变换红外光谱（FTIR）

分析膜材料的化学结构和组成，尤其是质子传导基团（如—SO_3H、—COOH等）的存在和分布情况。

2.核磁共振波谱（NMR）

分析膜材料的化学结构和微观形貌，如主链/侧链结构、离子簇尺寸和连通性等。常用的NMR技术包括1H NMR、19F NMR、固体13C NMR等。

3.X射线衍射（XRD）

分析膜材料的结晶结构、团聚态结构等。对于PFSA膜，XRD常用于表征离子簇的尺寸和排列方式。

4. 小角 X 射线散射（SAXS）

分析膜材料的微观相分离结构，如疏水/亲水相的尺寸、形貌、空间分布等。SAXS可提供纳米尺度的结构信息。

5. 扫描电子显微镜（SEM）

观察膜材料的表面和断面形貌，分析微观结构。对于复合膜，SEM可直观地显示无机填料的分散状态。

6. 透射电子显微镜（TEM）

观察膜材料的内部微观结构，如无机填料的尺寸、形貌、分散状态等。

7. 电化学阻抗谱（EIS）

测定膜电导率及其频率响应特性，分析质子传导机理。EIS可提供膜电阻、电容等重要参数。

综上，质子交换膜是PEMFC的关键材料之一，其性能直接影响电池的输出和寿命。目前，全氟磺酸类膜材料仍占主导地位，但成本高、温度适应性差等问题限制了其大规模应用。非氟膜和复合膜等新型膜材料的研发，有望突破PFSA膜的局限性，实现更高性能、更低成本的PEMFC。未来，质子交换膜的设计思路将朝着分子结构可控、温度适应范围宽、无水传导、高机械化学稳定性等方向发展。同时，表征手段的创新也将推动人们深入理解膜材料的微观结构与性能之间的构效关系，为新型质子交换膜的设计提供理论指导。

二、太阳能转化与储存中的膜技术

太阳能是一种清洁、可再生的能源，但其利用受到光照强度和昼夜更替等因素的限制。因此，如何高效地转化和存储太阳能是其大规模应用面临的主要挑战。膜技术因其高效、灵活、对环境友好等优点，在太阳能电池、光催化、太阳能蓄电池等太阳能转化与储存领域得到了广泛应用。

（一）染料敏化太阳能电池

染料敏化太阳能电池（DSSC）是一种新型薄膜太阳能电池，具有成本低、光电转化效率高、对光谱响应范围宽等优点。DSSC的核心部件包括染料敏化的纳米TiO_2光阳极、电解质和对电极。其中，电解质起到传输电子和再生染料的作用，通常采用I^-/I_3^-氧化还原电对的有机溶液。但是，液态电解质存在易泄漏、腐蚀电极等问题，限制了DSSC的长期稳定性。

为解决上述问题，研究人员提出采用凝胶电解质或固态空穴传输材料（HTM）替代液态电解质。凝胶电解质是指将液态电解质掺杂到聚合物基体中形成的准固态电解质，既保留了液态电解质的高电导率，又克服了泄漏等问题。常用的聚合物基体包括聚偏氟乙烯—六氟丙烯共聚物（PVDF-HFP）、聚丙烯腈（PAN）、聚环氧乙烷（PEO）等。例如，王（Wang）等采用PVDF-HFP作为基体，将1-丁基-3-甲基咪唑碘盐（BMII）/I_2/LiI/4-叔丁基吡啶

（TBP）的电解液掺杂其中，制备了一种高效稳定的凝胶电解质。该电解质在25℃下的离子电导率达到3.4×10^{-3} S/cm，相应的DSSC光电转化效率达到7.2%，且在1000 h连续光照下性能无明显衰减。

HTM是一类可替代液态电解质的固态材料，具有良好的空穴传输能力和氧化还原稳定性。常用的HTM包括Spiro-OMeTAD、CuSCN、PEDOT：PSS等有机或无机半导体材料。这些材料可通过旋涂、喷墨打印等方法沉积在染料敏化的TiO_2电极上，形成全固态DSSC。但是，HTM的空穴迁移率和电导率通常低于液态电解质，导致DSSC的光电性能下降。因此，研究人员采用掺杂等方法来提高HTM的电荷传输能力。例如，格拉兹尔（Grätzel）等在Spiro-OMeTAD中掺杂了Li-TFSI和TBP，使其空穴电导率提高了近两个数量级，相应的DSSC效率也达到了7.2%。

（二）钙钛矿太阳能电池

钙钛矿太阳能电池（PSC）是近年来发展迅速的一种新型薄膜太阳能电池，其以高效率、低成本和易制备等优点引起了广泛关注。PSC的核心材料是有机—无机杂化钙钛矿，化学通式为ABX_3（A为甲胺或甲脒等有机阳离子，B为Pb或Sn等金属阳离子，X为Cl、Br、I等卤素阴离子）。其中，以$CH_3NH_3PbI_3$为代表的铅卤钙钛矿材料的光电转换效率最高，目前认证效率已超过25%。

PSC的基本结构包括钙钛矿吸光层、电子传输层（ETL）、空穴传输层（HTL）和电极。其中，ETL和HTL分别负责传输和收集光生电子和空穴，对PSC的性能起到关键作用。目前，TiO_2和Spiro-OMeTAD分别是最常用的ETL和HTL材料，但存在电荷提取效率低、界面复合严重等问题。因此，研究人员提出采用新型ETL和HTL材料来提高PSC的性能。

在ETL方面，研究人员开发了多种低成本、高电子迁移率的材料体系，如SnO_2、ZnO、芳基胺类有机半导体等。例如，由（You）等采用SnO_2量子点修饰的石墨烯作为ETL，获得了20.8%的认证效率。该ETL具有高电子迁移率和高导电性，可有效抑制电荷复合。在HTL方面，研究人员开发了多种价格低廉、空穴迁移率高的有机半导体材料，如PTAA、PEDOT：PSS、Trux-OMeTAD等。例如，杨（Yang）等采用掺杂的PTAA作为HTL，获得了22.1%的认证效率。该HTL在提高空穴传输能力的同时，还具有疏水性，可提高PSC的耐湿性。

PSC的另一个关键问题是长期稳定性差，这主要是由于钙钛矿材料对湿气、热和光照等环境因素敏感，易发生降解。为提高PSC的稳定性，研究人员提出了多种封装策略，如采用疏水性HTL/ETL阻隔水汽进入、在电极上沉积致密金属氧化物阻挡层、在器件外封装气密性高分子等。例如，韩（Han）等采用原子层沉积（ALD）技术在电极上沉积了一层致密的Al_2O_3薄膜，并在器件外封装了PVDF膜，使封装后的PSC在60%相对湿度下连续光照1000 h后，效率仍保持在初始值的95%以上。

（三）光催化制氢

光催化制氢是利用太阳能将水分解为氢气和氧气的过程，是一种潜在的清洁制氢技术。

光催化剂是其核心组分，负责吸收光能，并驱动水的氧化还原反应。常见的光催化剂包括金属氧化物（如 TiO_2、ZnO 等）、硫属化合物（如 CdS、MoS_2 等）、碳基材料（如 $g-C_3N_4$、石墨烯等）等。这些材料通常需要负载助催化剂（如 Pt、Ni 等）来提高产氢效率。

光催化制氢反应通常在溶液体系中进行，存在产物分离困难、量子效率低等问题。为此，研究人员提出采用光催化膜反应器来强化制氢过程。光催化膜一方面可固定和分散催化剂，提高其利用效率；另一方面可充当产物分离膜，实现氢气和氧气的原位分离。常见的光催化膜包括 TiO_2 纳米管阵列膜、CdS 量子点敏化 TiO_2 膜、$Pt/g-C_3N_4$ 复合膜等。

例如，朱（Zhu）等采用阳极氧化法在 Ti 箔上制备了 TiO_2 纳米管阵列膜，并在其表面负载 Pt 颗粒，组装成光催化膜反应器。在紫外光照射下，该反应器的产氢速率达到了 $170\,\mu mol/(h\cdot cm^2)$，是粉体悬浮体系的 3 倍。这主要得益于规则排列的 TiO_2 纳米管的高比表面积和快速的电荷传输能力，以及膜反应器的高光利用率和高产物分离效率。

为进一步提高光催化膜的性能，研究人员还采用多种策略对其进行改性，如掺杂、复合、表面修饰等。例如，张（Zhang）等采用水热法在 $g-C_3N_4$ 纳米片上生长 MoS_2 量子点，并将复合材料负载在 PVDF 微滤膜上，制备了柔性光催化膜。在可见光照射下，$MoS_2/g-C_3N_4$ 复合膜的产氢速率是纯 $g-C_3N_4$ 膜的 5 倍，达到了 $120\,\mu mol/(h\cdot cm^2)$。这主要归因于 MoS_2 量子点和 $g-C_3N_4$ 的协同光催化作用，以及 PVDF 膜的高渗透性和机械稳定性。

（四）锂—硫电池

锂—硫电池是一种高比能量的二次电池，以单质硫作为正极活性物质，金属锂作为负极，理论比能量高达 $2600\,W\cdot h/kg$。但是，单质硫和放电产物多硫化锂（Li_2S_x，$4 \leq x \leq 8$）存在导电性差、溶解于电解液并穿梭于两极之间等问题，导致活性物质利用率低、库仑效率差、循环寿命短等。

为解决上述问题，研究人员提出采用功能隔膜来抑制多硫化锂的穿梭效应和提高正极的导电性。隔膜作为锂—硫电池的关键组件，需要在阻挡多硫化锂的同时保持锂离子的高通量。常见的功能隔膜包括碳材料涂覆隔膜、极性高分子涂覆隔膜、无机陶瓷涂覆隔膜等。这些隔膜通过物理阻挡和化学吸附作用来抑制多硫化锂的穿梭，并为正极提供导电通路。

例如，曼斯拉姆（Manthiram）等在商业化的聚丙烯（PP）隔膜上涂覆了一层掺杂氮的多孔碳纳米纤维（NCNF）薄膜，制备了 NCNF/PP 复合隔膜。NCNF 膜具有高导电性和发达的多孔结构，可为正极提供快速的电子和离子传输通道。同时，NCNF 膜中的 N 原子可与多硫化锂形成强相互作用，起到化学锚定作用。采用 NCNF/PP 隔膜的锂—硫电池展现了优异的循环稳定性，在 0.5 C 倍率下循环 500 次后，比容量仍保持在 $800\,mAh/g$ 以上。

除隔膜改性外，研究人员还提出采用凝胶电解质来抑制多硫化锂的溶解和扩散。凝胶电解质通常由高分子基体和液态电解液组成，兼具高离子电导率和良好的机械性能。常见的高分子基体包括 PEO、PVDF-HFP、PMMA 等。例如，王（Wang）等以 PVDF-HFP 为基体，将 $1\,mol/L$ LiTFSI/DOL+DME（$1:1$，体积比）电解液掺杂其中，制备了一种凝胶电解质。该电解质在室温下的离子电导率达到 $1.2 \times 10^{-3}\,S/cm$，并可有效缓解多硫化锂的溶解和穿梭问题。采用该凝胶电解质的锂—硫电池在 1 C 倍率下循环 1000 次后，比容量仍保持在 700 mAh／g 以上，表现出优异的循环稳定性。

综上所述，膜技术在太阳能转化与存储领域得到了广泛应用，极大地推动了相关器件的性能提升。在染料敏化太阳能电池中，凝胶电解质和固态空穴传输材料的应用，有望突破液态电解质存在的稳定性问题。在钙钛矿太阳能电池中，高效稳定的电子／空穴传输层和封装技术的发展，将进一步提高器件的光电转换效率和长期稳定性。在光催化制氢领域，光催化膜反应器的构建和改性，有望实现高效、连续、长寿命的太阳能制氢。在锂—硫电池中，功能隔膜和凝胶电解质的应用，则为解决多硫化锂穿梭效应和提高正极导电性提供了新思路。未来，膜技术与太阳能转化和存储技术的深度融合，将进一步推动清洁能源的高效开发和利用。

三、风能转换中的膜技术应用

风能是一种清洁、可再生的能源，在全球能源结构转型中占据重要地位。风力发电机组是风能开发利用的主要装置，其性能直接影响着风电场的发电效率和经济性。膜技术在风力发电机组的运行维护、叶片防护、增效等方面具有广阔的应用前景。

（一）风力发电机组的润滑与冷却

风力发电机组的传动系统和发电机在高速运转时，会产生大量的热量，需要良好的润滑和冷却以保证其可靠运行。传统的润滑和冷却方式主要采用油脂润滑和风冷／水冷等，存在热管理效率低、维护成本高等问题。近年来，研究人员提出采用膜技术来强化风力发电机组的润滑与冷却过程。

在润滑方面，研究人员开发了多种含油多孔膜材料，如 PTFE、UHMWPE、金属陶瓷多孔膜等。这些膜材料具有优异的机械强度、耐磨性和疏油性，可在风力发电机组的轴承、齿轮等关键部件表面形成润滑膜，实现油膜润滑。与传统油脂润滑相比，油膜润滑可显著降低摩擦因数，提高传动效率，并减少油脂的消耗和泄漏。

例如，日本 NTN 公司开发了一种含氟多孔聚合物涂层轴承，采用等离子体溅射法在轴承表面沉积了一层纳米多孔铁氟龙薄膜。该薄膜厚度约为 1 μm，孔隙率高达 60%，可储存大量润滑油并在运转过程中缓慢释放，形成稳定的油膜。应用该轴承的 2 MW 风力发电机组，其传动效率提高了 1.5 个百分点，润滑油用量减少了 50%。

在冷却方面，研究人员提出采用膜蒸发冷却技术来强化风力发电机组的散热过程。膜蒸发冷却是利用膜材料的选择性渗透性，在膜的供液侧形成液膜，在透气侧形成蒸汽，利用水的汽化潜热带走热量，从而实现制冷的新型冷却技术。与传统的风冷／水冷相比，膜蒸发冷却具有高效、紧凑、环保等优点。

例如，美国戴斯（Dais Analytic）公司开发了一种芳纶纤维增强的 Nafion 膜材料，应用于风力发电机组的膜蒸发冷却器中。Nafion 是一种全氟磺酸型离聚物，具有优异的质子传导性和亲水性，可在膜的表面形成连续的液膜。在膜的透气侧，干燥空气带走水分蒸发产生的潜热，使膜温度降低。冷却后的液膜在毛细力的作用下不断补充，实现连续的蒸发冷却。应用该膜蒸发冷却器的 1.5 MW 风力发电机组，其冷却系统的体积减少了 30%，能耗降低了 50%。

（二）风电叶片防护

风力发电机组的叶片长期暴露在户外恶劣环境中，容易受到风沙、雨雪、冰雹等的侵蚀，导致叶片表面粗糙度增加，空气动力学性能下降，使得发电效率降低。传统的叶片防护主要采用涂覆防腐蚀涂料、贴附保护膜等方法，但存在使用寿命短、对叶片气动外形影响大等问题。

近年来，研究人员提出采用仿生膜技术来强化风电叶片的防护性能。仿生膜是指模仿自然界中一些生物表面的多级微纳结构，通过化学气相沉积、溶胶—凝胶法、静电纺丝等方法制备的多功能膜材料。这些膜材料具有超疏水、自清洁、减阻等独特性能，可显著提高风电叶片的环境适应性。

例如，德国弗劳恩霍夫（Fraunhofer）研究所开发了一种仿荷叶表面的超疏水膜，采用溶胶—凝胶法在玻璃纤维织物上构建了一层由纳米 SiO_2 和聚二甲基硅氧烷（PDMS）组成的多级粗糙结构。该膜的接触角高达 160°，滚动角 < 5°，表现出优异的超疏水性和自清洁性。将该膜贴附在风电叶片表面后，可有效减少污垢、冰雪等在叶片表面的黏附，延长叶片的清洁维护周期。同时，该膜还具有减阻性能，可将叶片的阻力系数降低 5%~8%，提高风能捕获效率。

中国科学院宁波材料技术与工程研究所的研究人员开发了一种仿鲨鱼皮肤的减阻膜，采用静电纺丝技术在尼龙基底上构建了一层由 PVDF 纳米纤维组成的多级结构。该膜表面呈现出与鲨鱼皮肤相似的凹凸状微米结构，并在微米结构上分布有纳米级的纵向沟槽。这种多级结构可在叶片表面形成有序的微涡流阵列，削弱近壁湍流的脉动强度，从而降低湍流阻力。风洞试验表明，采用该减阻膜后，风电叶片的阻力系数可降低 12%~15%，空气动力学效率提高 3%~5%。

（三）风力发电机组增效

除了提高风力发电机组本身的性能外，还可采用膜分离技术对风能资源进行预处理，提高来流风的品质，从而增加风力发电量。大气边界层是影响风电场风能利用的重要因素，其湍流强度、风切变等特性直接决定了风力发电机组的受风品质和载荷水平。

研究人员提出采用膜分离技术对大气边界层进行调控，以改善风电场的来流品质。膜分离技术是利用膜材料的选择透过性，在压差驱动下实现气体的选择性分离和提纯的过程。通过在风电场前端布置大尺度膜分离单元，可选择性地去除来流风中的部分湍流成分，降低风切变，提高风速的均匀性，从而改善风力发电机组的受风特性。

例如，中国中材集团有限公司设计了一种风电场大气边界层膜分离系统，由若干个高度在 50~100 m 的膜分离单元阵列组成。每个膜分离单元采用直径在 1~2 m 的中空纤维膜丝作为分离膜组件，膜丝内壁为致密的聚砜分离层，外壁为多孔的聚丙烯支撑层。在压差驱动下，湍流尺度较小的气体分子可优先透过致密层，而湍流尺度较大的尘粒和水滴等被阻挡在支撑层表面，实现来流风的湍流调控和过滤。应用该系统后，风电场的湍流强度可降低20%~30%，风切变指数降低10%~15%，风力发电量提高5%~8%。

基于相似原理，研究人员还提出采用电渗析膜技术来调控大气边界层的温度和湿度分布，进而改善风电场的热力和动力环境。电渗析膜是一种离子交换膜，在直流电场的作用下，可选择性地迁移气体中的带电粒子（如水合离子等），从而实现对气体温湿度的调节。通过在风电场前端布置电渗析膜阵列，可削弱近地层逆温逆湿现象，提高大气层结稳定度，减小风切变和机组载荷。

以色列 Pentalum 公司开发了一种风电场大气边界层电渗析调控系统，由20~30个高度在30~50 m 的电渗析单元阵列组成。每个电渗析单元采用100~200对阳/阴离子交换膜（如Nafion膜和Neosepta膜等）交替堆叠而成，膜间填充有导电填料（如石墨烯、碳纳米管等）。在直流电场的作用下，气体中的水合离子向阴极迁移，从而实现气体的除湿降温。现场测试表明，应用该系统后，风电场30~50 m 高度范围内的空气相对湿度降低了5%~10%，温度降低了1~3 ℃，有效减弱了近地逆温逆湿现象。同时，风切变指数降低了5%~8%，风力发电机组的年发电量提高了3%~5%。

综上所述，膜技术在风能转换领域具有广阔的应用前景，可从润滑、冷却、防护、增效等多个方面提升风力发电机组的性能。含油多孔膜和膜蒸发冷却技术的应用，可显著强化风电机组的润滑与散热过程，提高传动效率，延长部件寿命。仿生膜技术则为风电叶片的防护和减阻提供了新思路，有望大幅提升叶片的环境适应性和空气动力学性能。此外，膜分离、电渗析等技术在风电场大气边界层调控中也展现出良好的应用潜力，可通过改善来流风品质、优化热力和动力环境，进一步挖掘风资源的利用潜力。未来，随着相关膜材料和工艺的持续创新，以及大尺度应用示范的不断推进，膜技术将在风能产业可持续发展中发挥越来越重要的作用。

第七章　膜科学技术在其他行业的应用

第一节　生物医药行业

　　膜科学技术在生物医药行业的应用广泛而深入，涵盖了药物制备、分离纯化、药物输送等多个环节。膜技术独特的分离特性和高效性，使其成为生物医药领域不可或缺的关键技术之一。

一、药物制备与分离纯化

　　在药物制备过程中，膜技术发挥着至关重要的作用。超滤技术可用于去除生物反应液中的大分子杂质，如细胞碎片和未反应完全的原料，提高产品纯度。纳滤技术则能够有效去除低分子杂质，如无机盐和小分子有机物，进一步提升药物的纯度。这两种膜分离技术的联用，可以大大简化传统的药物纯化工艺，降低生产成本，提高生产效率。

　　另外，膜吸附技术在分离纯化某些特定的生物活性物质方面展现出独特的优势。通过在膜表面修饰特异性配基，可以实现对目标分子的高效捕获和富集，从复杂基质中分离出所需的活性成分，如抗体、疫苗、重组蛋白等。与传统的层析纯化技术相比，膜吸附技术具有操作简便、分离效率高、容量大等优点，在生物医药领域得到了广泛应用。

二、药物输送与控释

　　膜技术在药物输送和控释方面同样扮演着重要角色。利用膜材料的生物相容性和可设计性，可以开发出各种新型药物输送系统，实现药物在体内的精准释放和靶向递送。例如，将药物分子封装在纳米级或微米级的膜囊中，可以延长药物在体内的循环时间，降低其对正常组织的毒副作用，提高药物利用率。通过调控膜囊的材料组成和结构，还可以实现对药物释放速率的精确控制，满足不同治疗需求。

　　此外，经皮给药贴片也是一种基于膜技术的新型给药系统。药物分子被均匀分散在贴片的膜基质中，通过皮肤渗透进入体内，实现持续、稳定的给药效果。这种给药方式具有使用方便、患者依从性高、避免首过效应等优点，特别适用于需要长期用药的慢性疾病治疗。

三、人工器官与组织工程

膜技术在人工器官开发和组织工程领域同样发挥着关键作用。以人工肾脏为例，其核心部件"透析器"就是一种中空纤维膜模块。患者的血液在中空纤维内侧流动，透析液在外侧流动，通过膜两侧的浓度差，实现代谢废物和过量水分的清除。膜材料的生物相容性和血液相容性对于透析器的性能至关重要，直接关系到患者的生命安全。目前，各种新型生物相容性膜材料的研发，如抗凝血、抗炎、抗菌膜材料等，进一步提升了人工肾脏的安全性和有效性。

在组织工程领域，多孔性膜材料常被用作细胞培养的支架材料。这些膜支架不仅具有优异的力学性能，能够为细胞提供良好的生长微环境，而且具有可控的孔隙率和孔径分布，有利于营养物质的传输和代谢废物的排出，促进细胞的增殖与分化。通过合理设计膜支架的结构和功能，可以诱导细胞形成特定的组织结构，为受损组织器官的修复和再生提供新的思路和方法。

四、生物分析与诊断

膜技术在生物分析和诊断领域同样得到了广泛应用。基于分子识别原理的亲和膜分离技术，可用于快速、特异性地分离和富集生物样品中的目标分析物，如蛋白质、核酸、病毒等。与传统的生物分析方法相比，亲和膜分离技术具有操作简单、分析速度快、灵敏度高等优势，在疾病标志物筛查、药物代谢动力学研究等方面得到了广泛应用。

此外，新型膜基生物传感器的开发，为疾病的早期诊断和实时监测提供了新的技术手段。通过在膜表面修饰特异性的生物识别元件（如抗体、核酸适配体等），可以实现对疾病标志物的高灵敏、高选择性检测。膜基生物传感器具有响应速度快、易于集成、适合现场检测等优点，有望在疾病诊断、药物筛选、食品安全检测等领域发挥重要作用。

综合来看，膜科学技术凭借其独特的分离特性和功能可设计性，在生物医药领域得到了极为广泛的应用。从药物制备、分离纯化到药物输送、控释，从人工器官、组织工程到生物分析、诊断，膜技术无处不在，深刻影响现代生物医药产业的发展。未来，随着膜材料和制备工艺的不断创新，以及对生物医药过程机理认识的不断深入，膜科学技术必将在推动生物医药领域发展方面发挥越来越重要的作用，为人类健康事业做出更大的贡献。

第二节　食品工业

膜技术在食品工业中的应用日益广泛，涉及食品加工、分离提纯、浓缩净化、包装保鲜等多个环节。膜分离过程的低温、非相变特性，与食品加工对原料温和处理、保持营养成分完整性的要求不谋而合，因此备受青睐。本节将重点介绍膜技术在食品工业各领域的应用现状和发展趋势。

一、乳制品加工

乳制品是膜技术应用最早、最成熟的食品领域之一。超滤技术可用于生产低乳糖牛奶，满足乳糖不耐受人群的饮食需求。通过超滤膜去除牛奶中97%以上的乳糖，同时保留蛋白质、脂肪、矿物质等营养成分，既解决了乳糖不耐受问题，又保证了营养价值。此外，超滤技术还可用于奶酪生产中乳清的回收利用，减少环境污染，提高资源利用效率。纳滤技术则在奶粉生产中得到应用，用于除去牛奶中的水分，得到浓缩乳，再经喷雾干燥制成奶粉。与传统的蒸发浓缩工艺相比，纳滤浓缩不仅能耗低、产品质量高，而且能够保留乳清蛋白等热敏性营养成分。

二、果汁饮料澄清

果汁饮料加工中的澄清是膜技术的另一重要应用领域。传统的果汁澄清工艺采用离心、酶处理、絮凝、过滤等多道工序，不仅操作复杂、成本高，而且易造成果汁风味流失。超滤膜澄清技术可以一步实现果汁的澄清、除菌和部分浓缩，大大简化生产流程。与传统工艺相比，超滤澄清不仅效率高、能耗低，而且可最大限度地保留果汁中的色素、芳香物质等，改善口感。微滤膜技术则可用于除去果汁中的微生物，代替高温灭菌，既可防止热敏营养物质的破坏，又可延长货架期。

三、发酵液分离纯化

在食品发酵工业中，膜分离技术可用于发酵产物的分离纯化和浓缩，如氨基酸、有机酸、多糖等。以味精生产为例，谷氨酸钠发酵液经微滤、超滤分离出菌体和蛋白质等杂质后，再经纳滤脱盐浓缩，然后结晶得到成品味精。与传统的离交换树脂吸附、活性炭脱色等工艺路线相比，膜分离流程更加简单高效，产品得率和纯度更高，且节省了大量水和化学试剂的消耗。类似地，膜技术还广泛应用于柠檬酸、乳酸、赖氨酸等其他食品添加剂的生产中，成为发酵工业实现清洁生产、高质高效的重要技术支持。

四、植物提取物分离

中药材、茶叶等植物提取物的分离纯化是膜技术的另一重要应用方向。例如，在绿茶提取物的制备中，采用膜分离技术可显著提高茶多酚、儿茶素的得率和纯度。与传统的有机溶剂萃取、大孔吸附树脂分离等方法相比，膜分离不仅避免了有机溶剂残留的问题，而且分离效率高、产品质量好。再如，在人参皂苷的提取分离中，将超滤、纳滤、反渗透等膜技术与传统工艺相结合，建立连续、闭路的膜分离流程，可大大缩短生产周期，提高人参皂苷的得率和纯度，降低生产成本。类似的膜分离应用还包括银杏叶提取物、大豆异黄酮、葡萄籽提取物等，极大地推动了植物提取物的规模化生产。

五、膜包装保鲜

新型膜材料在食品包装保鲜方面展现出广阔的应用前景。气调保鲜包装技术是近年来的研究热点，通过精确调控包装内氧气、二氧化碳等气体成分，可显著延长食品货架期。以聚乙烯为基材，通过共混改性或表面涂覆特殊膜层，可制备出兼具气体选择透过性和阻隔性的功能性包装膜，实现果蔬、肉制品等新鲜食品的气调保鲜。此外，可食性膜涂层也是一种新兴的食品保鲜技术。采用壳聚糖、明胶、大豆分离蛋白等可食性高分子材料，在食品表面形成致密透明的保护层，可有效阻隔氧气和水分，延缓食品腐败变质。与传统包装相比，可食性膜避免了塑料垃圾污染，符合绿色环保理念。

总的来说，膜科学技术以其独特的分离特性和过程优势，在食品工业的诸多领域得到了成功应用，成为食品加工、分离提纯的核心装备之一。展望未来，随着膜材料和制备工艺的不断进步，以及食品工业对绿色、高效新技术的迫切需求，膜技术在食品领域的应用将不断深化拓展。特别是在营养成分高值化利用、食品安全检测、特殊食品工程化等方面，膜技术有望成为引领产业升级的关键推动力量。同时，膜技术与其他新兴技术的融合，如与生物技术的结合开发新型功能食品，与信息技术的结合实现智能化生产，也将成为未来的发展方向。可以预见，膜技术必将在未来食品工业的转型发展中扮演更加重要的角色。

第三节　其他行业

膜科学技术凭借其独特的分离特性和丰富的功能，在许多其他行业中也得到了广泛应用。本节将选取几个典型行业，重点介绍膜技术在其中的应用现状和发展前景。

一、石油化工领域

在石油化工领域，膜分离技术主要应用于天然气脱硫、氢气提纯、烃类气体分离等环节。以天然气脱硫为例，传统的甲胺吸收法存在能耗高、易造成二次污染等问题。采用膜分离技术，利用膜对硫化氢等酸性气体的选择透过性，可高效实现天然气的净化脱硫。与传统工艺相比，膜法脱硫不仅节能环保，而且设备紧凑、操作灵活，特别适合海上平台等空间受限场合。在氢气提纯方面，Pd-Ag合金膜以其超高的氢选择透过性而备受关注。常规的变压吸附制氢工艺通常只能得到纯度99.999%的氢气，而Pd-Ag膜却可进一步提纯至99.99999%以上，满足氢燃料电池等尖端应用的需求。类似地，碳分子筛膜可用于丙烯/丙烷等烃类气体的分离，较传统的低温精馏法大大节约了能耗。膜法烃类分离已在工业上得到应用，并呈现出良好的市场前景。

二、环境保护领域

膜技术在环境保护领域同样大显身手，应用涵盖污水处理、固废资源化、废气净化等多个方面。在污水处理方面，膜生物反应器（MBR）技术是近年来的研究热点。MBR将生物处理与膜分离有机结合，利用超/微滤膜截留活性污泥，可显著提高出水水质，实现污水的深度处理。与传统活性污泥法相比，MBR不仅处理效果好、启动周期短，而且占地面积小、运行稳定，特别适合水资源紧缺地区和城市中心等用地受限场合。在固废资源化方面，高分子电解质复合膜电渗析技术可用于含重金属废水的处理，将重金属离子与酸、碱分别富集，实现废水减量化、无害化和资源化。与传统的化学沉淀法相比，膜电渗析不仅避免了大量污泥的产生，而且可回收重金属和酸碱，具有显著的经济和环境效益。在废气净化方面，中空纤维膜等高比表面积膜材料可用于挥发性有机废气（VOCs）等的吸附与生物降解，克服了传统填料塔的传质效率低、压降大等问题。

（一）能源电力领域

在能源电力领域，质子交换膜燃料电池（PEMFC）和碱性阴离子交换膜燃料电池（AEMFC）是膜技术的重要应用方向。PEMFC以全氟磺酸型质子交换膜作为电解质，具有启动快、功率密度高、环境适应性强等优点，被誉为21世纪理想的清洁能源之一。目前PEMFC已在分布式发电、交通工具、移动电源等领域得到示范应用，特别是在燃料电池汽车方面取得了突破性进展。与PEMFC相比，AEMFC采用价格低廉的非贵金属催化剂，可大大降低成本，但其关键材料碱性阴离子交换膜的性能还有待提高。开发高离子电导率、高化学稳定性的新型碱性膜，是AEMFC走向商业化的重要突破口。此外，离子交换膜电容去离子技术在海水淡化、苦咸水利用等领域展现出诱人的应用前景。与传统的反渗透海水淡化相比，膜电容去离子可直接从海水中富集制取高纯盐水，再经结晶即得固体盐产品，避免了苦咸废水的排放问题，符合可持续发展理念。

（二）航空航天领域

在航空航天领域，膜技术主要应用于航天员生命保障系统。气体分离膜组件是航天员舱内空气净化装置的核心部件，利用膜的选择透过性实现O_2富集和CO_2的去除，维持舱内空气成分稳定。与传统的变压吸附制氧装置相比，膜式制氧机结构简单、振动小、无噪声、无粉尘，且适应微重力环境，是航天员舱内空气再生的理想选择。类似地，中空纤维超滤膜还可用于航天员尿液的净化回收处理，解决长期航天飞行的水资源供给问题。值得一提的是，中国空间站在环控生保系统上广泛采用了国产膜部件，突破了国外的技术封锁，树立了我国载人航天工程自主创新的里程碑。

膜科学技术作为一项通用性的分离过程，其应用领域正在不断拓展。除上述行业外，膜技术在化工、冶金、电子、纺织等众多领域也崭露头角，成为工业领域实现节能减排、清洁生产的重要手段。例如，在聚氯乙烯（PVC）生产过程中，采用膜法脱除微量乙炔，可避免发生爆炸危险，提高生产安全性。在稀土冶炼废水处理中，纳滤膜技术可高效回收分离稀土元素，减少资源浪费。在电镀废水处理中，膜生物反应器和膜电渗析的联用，可实现重金属的选择性分离与回收利用。在纺织染整废水处理中，纳滤膜技术可回收印染染料，减少水体污染。可以预见，随着膜材料和制备工艺的不断进步，膜技术必将在更多行业中得到创新应用，成为引领产业绿色发展的重要推动力。

第八章　膜科学技术的未来发展与挑战

第一节　膜科学技术的发展趋势

膜科学技术经过半个多世纪的发展，已经成为众多工业领域不可或缺的分离手段。然而，面对日益严峻的能源短缺和环境污染问题，以及各行业对高性能分离材料的迫切需求，传统膜技术的局限性日益显现。为了突破瓶颈，实现膜分离过程的颠覆性创新，膜科学界正在多个前沿方向开展深入研究，力求从材料、过程、装备等多个层面实现新的突破。本节将重点介绍膜技术发展的几个新趋势，展望未来膜科学的发展方向。

一、仿生膜

大自然在漫长的进化过程中，创造了无数精妙的生物膜结构，如细胞膜、离子通道等，具有高度的选择性和通透性。受此启发，仿生膜应运而生，力求模拟生物膜的结构和功能，开发出新一代高性能膜材料。水通道蛋白（aquaporin）是细胞膜上高度选择性的水传输通道，其水通量是普通脂质膜的数百倍，且完全不透过其他离子和小分子。将水通道蛋白整合到人工合成的脂质膜或高分子膜中，可制备出兼具高通量和高选择性的仿生水处理膜。这种仿生膜有望彻底革新现有的反渗透海水淡化技术，大幅降低能耗和成本。类似地，通过模拟细胞膜上的离子通道，可开发出高性能的仿生离子交换膜和气体分离膜。仿生膜技术的突破，将为膜科学注入新的活力，推动其走向更高的台阶。

二、柔性／可穿戴膜

随着移动互联网和可穿戴设备的迅猛发展，对柔性、可穿戴材料的需求日益增长。在这一背景下，柔性／可穿戴膜技术应运而生，成为膜科学的新兴研究方向。气体分离膜在柔性显示、可穿戴气体传感器等领域展现出诱人的应用前景。研究人员开发出一种超薄的Teflon AF膜，厚度仅为50 nm，可用于制造柔性OLED显示屏的封装膜，延长器件寿命。类似地，石墨烯基气体分离膜以其优异的力学性能和气体选择透过性，在柔性气体传感器领域备受青睐。另外，新型柔性离子导电膜在可穿戴能源器件中也有广阔的应用空间。研究人员利用静电纺丝法制备出柔性的壳聚糖基凝胶电解质膜，可用于构建可穿戴超级电容器，实现人体运动能量的收集和储存。柔性／可穿戴膜技术的发展，将极大拓展膜材料的应用范围，为人机交互、移动医疗等领域提供关键支撑。

（一）多功能／智能膜

传统的膜材料通常只具备单一的分离功能，难以满足日益多样化的应用需求。为了突破这一局限，多功能／智能膜技术应运而生，旨在赋予膜材料多重功能乃至智能响应能力。例如，研究人员开发出一种TiO_2／聚多巴胺复合膜，既具有优异的重金属吸附性能，又具有光催化自清洁能力，在重金属废水处理中展现出良好的应用前景。又如，将温敏性高分子引入微滤膜中，可制备出具有温度响应性的智能膜。这种膜在常温下孔径较大，透过性好；当温度升高至临界点时，孔径急剧收缩，截留性能显著提高。利用这一特性，可实现温度驱动的智能调控，在药物缓释、生物分离等领域有广阔的应用前景。类似地，pH响应膜、光响应膜、电响应膜等智能膜也相继被开发出来，极大地拓展了膜过程的应用空间。多功能／智能膜代表了未来膜技术的发展方向，必将推动膜科学的智能化发展。

（二）纳米增强复合膜

纳米材料以其独特的尺寸和界面效应，在膜性能增强方面展现出巨大的潜力。将纳米材料引入高分子基体，可制备出性能卓越的纳米增强复合膜。以石墨烯为例，其原子级厚度和超高比表面积，赋予了其优异的力学性能和亲水性。将石墨烯纳米片分散到聚酰胺基体中，可显著提高反渗透膜的抗污染能力和脱盐性能。类似地，将碳纳米管、金属—有机骨架（MOF）等纳米材料引入膜基体，也可大幅改善膜的选择性和渗透性。值得一提的是，仿生矿化技术与纳米增强策略的结合，为开发新型仿生复合膜提供了新思路。研究人员以聚多巴胺为基底，通过生物矿化技术在表面原位生长水滑石纳米片，制备出兼具高通量和高选择性的水处理纳滤膜。纳米增强复合膜的问世，必将引领膜材料走向更高性能、更多功能的新时代。

膜科学技术始终与时俱进，不断吸纳各学科的新理论、新方法，持续拓展应用领域和功能边界。除上述几个主流发展方向外，生物炼制膜、能量收集储存膜、体内／植入式药物传递膜等新兴膜技术也方兴未艾，展现出诱人的发展前景。随着基础研究的不断深入和产业化需求的持续牵引，膜技术必将迎来更加多元化、智能化、绿色化的发展新时代，成为推动经济社会可持续发展的战略性技术支撑。

第二节　膜科学技术面临的挑战与对策

膜科学技术虽然取得了长足的进步，但在实现产业化应用和可持续发展的道路上，仍然面临诸多挑战。这些挑战既有源于膜材料和制备工艺的局限性，也有源于膜系统集成和工程放大的复杂性，还有源于基础研究与产业应用脱节的普遍性问题。只有直面挑战、主动求变，才能突破瓶颈，开创膜科学技术发展的新局面。

一、膜材料的稳定性与耐久性

膜材料在实际应用中常常面临着复杂的工况条件，如强酸、强碱、强氧化性介质，高温、高压、高剪切等极端环境。许多新型膜材料虽然在实验室条件下展现出优异的分离性能，但在实际应用中却难以维持稳定性和耐久性，严重制约了其产业化进程。因此，开发高稳定性、长寿命的膜材料是膜科学亟须攻克的难题之一。对此，可从以下几个方面入手：一是优化膜材料的化学结构和物理形貌，提高其在恶劣环境下的稳定性；二是引入交联、接枝等化学修饰手段，赋予膜材料耐酸、耐碱、抗氧化等特殊性能；三是采用多组分复合策略，通过协同增效，弥补单一材料的不足；四是借鉴仿生学理念，模拟自然界中的耐极端环境生物膜，开发出高稳定性的新型仿生膜材料。

二、膜污染与再生

膜污染是制约膜技术大规模应用的另一个关键问题。在水处理、食品生物分离等领域，原料中普遍存在有机物、微生物等污染物质。这些物质在膜表面或膜孔内沉积、吸附，导致膜通量下降，分离性能恶化，甚至引发不可逆的膜损伤。因此，提高膜材料的抗污染能力，发展高效的膜再生技术，对于保障稳定运行和延长使用寿命至关重要。针对膜污染问题，可采取以下对策：一是优化膜表/界面结构，引入亲水性基团，降低污染物的吸附；二是利用表面接枝、原位聚合等方法，构建具有抗蛋白质吸附、抗细菌黏附能力的智能膜表面；三是在膜材料中引入光催化、电催化等功能基元，赋予其光/电驱动的自清洁能力；四是发展基于化学清洗、臭氧氧化、超声波等新原理的膜再生技术，提高再生效率，延长膜使用寿命。

（一）过程强化与放大

膜分离过程虽然具有独特的优势，但在工程放大和规模化应用方面仍面临诸多挑战。传统的膜分离设备存在传质效率低、能耗高、设备庞大等问题，难以满足大规模工业生产的需求。因此，亟须发展新型膜过程强化技术和高效膜设备，提高分离效率，降低成本与能耗。对此，可采取以下策略：一是发展新型膜组件构型，如中空纤维、卷式、管式、旋转式等，提高膜面积与体积比，强化传质效果；二是利用旋转膜、振动膜、Taylor涡流等流体动力学手段，强化膜表面湍流，减轻浓差极化，提高通量；三是将膜分离与其他过程（如吸附、萃取、催化等）耦合，发挥协同效应，简化工艺流程；四是引入智能控制和过程优化技术，实现膜系统的自动化控制和运行优化，提高工艺稳定性和能源利用率。

（二）基础研究与应用开发脱节

当前，膜科学在基础研究领域取得了丰硕成果，涌现出众多新材料、新机理和新方法。然而，这些科研成果向实际应用的转化却举步维艰，普遍存在"研究多、应用少，实验多、放大少"的问题。究其原因，主要在于基础研究与应用开发脱节，科研机构与产业界缺乏有效沟通与合作。对此，可采取以下举措：一是加强产学研用合作，建立高校、科研院所与企业的长效合作机制，促进技术成果的工程化和产业化；二是发挥重点实验室、工程中心等创新平台的桥梁纽带作用，为新技术研发、中试放大和工程示范提供支撑；三是加强知识产权保护和成果转化激励，调动科研人员的积极性和创造性；四是完善膜产业的标准规范和监管体系，为新技术的应用推广创造良好的市场环境。

膜科学要实现跨越式发展，还需在多个领域实现原始创新和集成创新。例如，发展新型膜材料制备技术，突破传统流延、涂覆等方法的局限，实现膜结构和性能的精准调控；研究膜传质与分离机理，揭示界面、孔道等微纳尺度结构对分离过程的调控作用，发展具有普适性的构效关系理论；建立膜过程模拟与优化新方法，突破传统的经验设计，实现膜系统的定量描述和计算机辅助设计；拓展膜技术的应用新领域，利用膜分离的独特优势，为新能源、生物医药等战略性新兴产业提供技术支撑。总之，只有立足国家需求、面向世界科技前沿、瞄准产业发展制高点，加强原创性、引领性科技攻关，加快科技成果转化应用，才能不断开拓膜技术的新疆域，推动膜科学实现更大的发展与突破。

第三节　可持续发展的膜科学技术

膜科学技术作为一项战略性、前瞻性的高新技术，在推动经济社会可持续发展中扮演着日益重要的角色。面对资源枯竭、环境污染、气候变化等全球性挑战，膜科学界肩负着重要的历史使命，必须立足可持续发展理念，加快技术创新步伐，为构建资源节约型、环境友好型社会提供坚实支撑。

一、水资源高效利用与保护

水资源短缺和水环境恶化是制约全球可持续发展的重大瓶颈。据联合国预测，到2050年，全球将有超过40%的人口生活在严重缺水地区。与此同时，工农业污染导致的水体富营养化、重金属污染等问题日益加剧，严重威胁着人类健康和生态安全。膜技术以其高效、清洁、低耗的特点，在水资源高效利用与保护中大有可为。在海水淡化领域，反渗透膜技术已成为最主要的淡化方法，新型纳滤膜、正渗透膜、生物响应膜等技术的出现，有望进一步降低能耗，提高水质，推动海水淡化实现规模化应用。在污水深度处理与回用方面，以MBR为代表的膜法水处理技术展现出巨大优势，可高效去除污水中的有机物、氮磷营养盐、病原微生物等污染物，使出水达到回用水质标准。未来，膜法水处理与新型脱氮除磷技术、高级氧化技术等的耦合，将进一步提升污水资源化利用水平。对于工业废水，特别是高浓度难降解废水，可发展定制化的膜分离与膜催化耦合工艺，实现污染物的高效去除与资源回收。总之，膜技术有望成为破解水资源危机的"利器"，为全球水安全保驾护航。

二、大气污染防治

大气污染不仅危害人体健康，而且导致酸雨、光化学烟雾等生态环境问题。工业废气、机动车尾气是大气污染的主要来源，其中PM2.5、VOCs、NO_x等污染物备受关注。膜技术在大气污染防治中具有广阔的应用前景。对于含尘废气，可采用中空纤维膜、陶瓷膜等技术实现高效除尘，克服传统除尘技术的能耗高、污染严重等问题。对于VOCs，可发展高通量、高选择性的气体分离膜材料，实现VOCs的高效富集与回收利用。值得一提的是，将膜分离与吸附、催化等过程耦合，可显著提高VOCs的去除效率。例如，以$\alpha-Al_2O_3$中空纤维膜为载体，采用原位合成法负载纳米TiO_2光催化剂，可获得兼具高渗透性和高催化活性的光催化膜，在紫外光照射下能够高效降解苯、甲苯等VOCs。在汽车尾气治理方面，以质子交换膜为核心的膜反应器技术展现出诱人的应用前景，可将尾气中的NO_x高效还原为N_2，同时耦合甲醇重整制氢，从而实现尾气净化与新能源供给的双重目标。未来，随着膜材料与膜过程的不断创新，必将在大气污染防治中发挥越来越重要的作用。

（一）CO_2减排与资源化利用

温室气体排放引起的全球变暖已成为人类面临的重大挑战。作为主要温室气体，CO_2减排与资源化利用备受关注。膜技术在CO_2捕集与利用方面具有独特优势。对于工业烟道气，可采用高选择性气体分离膜实现CO_2的富集捕集，克服传统化学吸收法能耗高、腐蚀严重等问题。新型MOF基复合膜、碳素分子筛膜等的出现，有望进一步提高CO_2分离性能，降低成本。在CO_2资源化利用方面，膜反应器技术前景广阔。将CO_2还原膜反应器与太阳能光催化、电催化等过程耦合，可高效还原CO_2制备甲醇等清洁燃料或高附加值化学品，实现CO_2减排与资源综合利用的双赢。此外，以CO_2为C1资源，发展基于膜反应器的新型生物质转化技术，可高效制备生物航空煤油等清洁燃料，为缓解石油资源短缺提供新途径。总之，膜技术有望成为实现碳中和目标的重要抓手，推动化石能源低碳清洁高效利用。

（二）清洁生产与绿色制造

传统化工、冶金、纺织等行业普遍存在资源利用率低、污染物排放多等问题，亟须绿色升级改造。膜技术以其高效、节能、清洁、模块化的特点，是实现工业清洁生产和绿色制造的重要手段。例如，在化工行业，以Nafion膜等为核心的膜电解槽可用于氯碱生产，取代传统的汞齐法和隔膜法，从源头上杜绝汞污染。在制药行业，将膜分离技术引入药物合成路线，可显著减少有机溶剂的使用量，实现药物绿色合成。在冶金领域，利用陶瓷膜技术回收冶炼烟气中的SO_x、NO_x、重金属等，可大幅降低污染物排放。在纺织行业，采用纳滤、反渗透等膜技术回用印染废水，可减少水资源消耗和污染物排放。此外，超临界CO_2流体与膜分离耦合技术在天然产物提取、精细化工品合成等领域也展现出良好的应用前景，有望替代传统的有机溶剂萃取工艺，实现绿色环保加工。未来，膜技术在工业清洁生产与绿色制造中的应用必将不断深化拓展，成为引领绿色工业革命的重要力量。

　　膜科学要持续造福人类，必须坚持服务国家战略、聚焦社会需求的发展导向，紧密结合可持续发展目标，强化原始创新，加快成果转化。同时，要充分发挥膜技术的"串联"优势，加强与生物、化学、材料、信息等多学科的交叉融合，打通从分子机理、材料结构到过程工程、应用开发的全链条，系统开展基础理论、关键材料、工程化技术、标准规范的协同攻关。此外，面向"双碳"目标、健康中国、乡村振兴等国家战略需求，膜科学还要强化与能源、环境、医疗、农业等领域的深度合作，加快先进膜技术在节能减排、清洁生产、药物制备、农村水处理等领域的应用示范。总之，只有坚持创新驱动、需求牵引、开放合作，加速科技成果向现实生产力转化，才能充分彰显膜科技的社会价值，让"膜"的世界造福全人类。

参考文献

［1］葛丽芹.多功能膜材料［M］.南京：东南大学出版社，2021.

［2］张恒嘉.绿洲灌区作物产量——水分效应研究［M］.北京：中国水利水电出版社，2020.

［3］郑祥，魏源送，王志伟.中国水处理行业可持续发展战略研究报告（膜工业卷Ⅲ）［M］.
　　北京：中国人民大学出版社，2019.

［4］王玲.应用化学专业实验［M］.南京：南京大学出版社，2019.

［5］陈志民.现代化学转化膜技术［M］.北京：机械工业出版社，2018.

［6］兰永强，彭平.分离生物乙醇用渗透汽化复合膜［M］.厦门：厦门大学出版社，2018.

［7］张恒.应用生物化学［M］.南京：南京大学出版社，2017.

［8］龚为进.水质工程学［M］.北京：中国水利水电出版社，2016.

［9］侍克斌，严新军，陈亮亮.内陆干旱区平原水库节水及周边土壤盐渍化防治［M］.北京：
　　中国水利水电出版社，2016.

［10］陈奠宇.高分子涂料助剂［M］.南京：南京大学出版社，2021.

［11］吴国强，吴国梁，陈国松，等.离子选择电极在临床检验中的应用［M］.南京：南京大
　　 学出版社，2017.

［12］洪伟鸣.生物分离与纯化技术［M］.重庆：重庆大学出版社，2015.

［13］胡桢，张春华，梁岩.新型高分子合成与制备工艺［M］.哈尔滨：哈尔滨工业大学出版
　　 社，2014.

［14］苏向英.低维过渡金属硫属化合物的电子性质及调控［M］.北京：中国工信出版集团，
　　 电子工业出版社，2017.

［15］唐明奇.溶胶粒子在铝、镁合金微弧氧化中的作用机制［M］.北京：中国水利水电出版
　　 社，2017.